"国家公园监测管理与能力提升"系列

国家公园
传统产业转型发展研究

国家林业和草原局发展研究中心◎编著

中国林业出版社
China Forestry Publishing House

图书在版编目（CIP）数据

国家公园传统产业转型发展研究 / 国家林业和草原局
发展研究中心编著. -- 北京：中国林业出版社，
2025.3. -- （"国家公园监测管理与能力提升"系列）.
ISBN 978-7-5219-3189-1

Ⅰ.S759.992

中国国家版本馆CIP数据核字第2025Q2B649号

责任编辑：李　敏　王美琪

出版发行：中国林业出版社
　　　　　（100009，北京市西城区刘海胡同7号，电话010-83143575）
电子邮箱：cfphzbs@163.com
网　　址：www.cfph.net
印　　刷：河北鑫汇壹印刷有限公司
版　　次：2025年3月第1版
印　　次：2025年3月第1次印刷
开　　本：710mm×1000mm　1/16
印　　张：10.5
字　　数：143千字
定　　价：99.00元

《国家公园传统产业转型发展研究》

编 著 者

何思源　　张　多　　赵金成

李　想　　刘诗琦　　刘佳欢

王博杰　　管易文

前言

　　党的十八大报告首次赋予生态文明建设前所未有的重要地位，将其纳入中国特色社会主义事业"五位一体"总体布局的关键一环。生态文明建设被纳入国家发展战略，为建设"美丽中国"，实现民族永续发展，为自然保护地体系和国家公园建设奠定了坚实的理论基础，提供了行动指南。党的十八届三中全会从国家治理体系和治理能力现代化的高度出发，明确提出建立国家公园体制。我国于2015年启动国家公园体制试点工作，探索适合中国自然保护与社会经济发展的国家公园管理体制。随着《建立国家公园体制总体方案》（2017年）的出台，我国国家公园体制试点工作逐步开展并稳步推进。党的十九大报告进一步明确提出"加快生态文明体制改革，建设美丽中国"和"建立以国家公园为主体的自然保护地体系"。《关于建立以国家公园为主体的自然保护地体系的指导意见》（2019年）出台，标志着我国生态保护工作进入了新的制度发展阶段，也对中国国家公园体制建设的研究提出了更高的要求。

　　中国国家公园在空间上整合多类型保护地，与乡村社区地域空间存在接壤与（部分）重叠，通过资源保护与利用与周边诸多社区及居民的生产生活发生关联，形成相互影响的社会生态系统。一方面，国家公园生态保护优先的管理目标及其管理措施对社区和当地社会经济的可持续发展带来影响；另一方面，社区的各类产业活动对国家公园具有直接的生态影响，社区对国家公园的认可与支持也是影响实现国家公园保护目标的关键因素之一。因此，保护与发展相互兼容、自然生态与社会经济相互统一、国家公园与相关社区

相互协调，不仅关系到国家公园以及更广泛的保护地网络的保护成效，也关系到当地与区域的社会经济发展。

在全球的保护实践中，为了减轻以农业（包括种植业、林业、畜牧业和渔业）等生产为主的传统产业下的生计活动对自然保护地的环境压力，尊重社区居民与自然协同发展的人地关系，同时改善生计，各国政府都在推行生态化产业经营理念，推动农业多功能化，鼓励农户就地采取各种与生态保护管理目标兼容的生计活动，包括实施农林牧渔业生态化管理、开展生态旅游、发展增值性手工业、参与生态系统管护等。

中国自然保护地周边社区生计同样高度依赖于自然资源，在保护管理目标制约下，社区从事的产业类型，土地利用方式与强度，直接影响国家公园自然保护目标的实现。在国家公园体制试点建设进程中，各个国家公园内及其周边乡村产业发展将受到严格的生态保护政策的制定与实施的影响，特别是长期以来形成的种养殖业、畜牧业、林业等产业发展，在产业强度、规模、发展方向上受到的影响已经开始不同程度地显现；同时，各个试点地区针对不同地域的自然与社会经济条件，也在设法出台政策引导现有产业发展符合生态保护需求，使其向生态化方向发展，通过拓展产业功能来提升产品丰富度与价值，为社区经济繁荣和乡村社会发展寻求出路。

中国特色社会主义建设进入新的发展阶段，不仅要推动经济社会全面发

展，还要重视生态文明建设，实现人与自然和谐共生。自然保护地建设应当也能够为乡村地区带来新的经济机遇，促进乡村社区成为保护地建设的重要参与者和受益者，推动农村经济发展模式的转变，实现乡村振兴与自然保护的双赢。

因此，面对中国国家公园管理的现实需求，顺应国际自然保护与社区的协同发展方向，以国家公园生态保护与社区发展为双重目标来实施产业发展政策，是实现国家公园多元管理目标，保障生态安全和生计安全的必由之路。

本书以乡村地理、社区发展、可持续生计、生态系统服务、产业经济等学科与理论为基础，通过研究团队独立完成的理论与实证研究解析国家公园建设与管理协调社区生计发展与生态保护中所面临的产业转型与发展的需求和路径。本书核心内容均为原创性研究成果，共分为6章。除第1章对研究进行总体介绍外，首先从人地关系与国家公园管理需求角度科学界定国家公园社区传统产业，提出国家公园传统产业转型目标以及经营理念转型与产业功能拓展两个转型方向（第2章）；然后设计面向转型发展方向的国家公园社区生计活动保护兼容性评价框架，提出自然与半自然生态系统协同，自然、文化与经济协同的国家公园社区产业发展理论模型（第3章）；最后在这一模型指导下选取以传统产业为主导产业，土地权属具有代表性的祁连山和武夷山国家公园体制试点区作为案例地，对其主导产业畜牧业和茶产业分别进行实

证研究，以历史视角总结自然保护地传统产业转型经验、对国家公园的启示及案例地的具体经验（第4章）；从案例地产业的保护兼容性出发分析国家公园传统产业转型面临的问题和未来转型发展目标（第5章）；在生态系统服务－生计分析下提出案例地具体的传统产业转型发展对策，根据实证研究对国家公园社区产业发展理论模型进行修正，完善传统产业在国家公园体制建设中的发展机制，提出面向国家公园管理目标和体制建设的总体建议（第6章）。

本研究由张多、赵金成等构思研究框架并主导开展研究工作，李想、王博杰等参与了国家公园试点调查和数据整理。本书由何思源主导写作，并由张多统稿完成。本书研究成果主要基于国家林业和草原局经济发展研究中心委托的研究项目"国家公园传统产业转型发展专题研究"（JYCL-2020-00039）。本书以编著形式呈现，内容体系完整，观点独到，体现了作者团队的深入研究与创新思考。

编著者

2024年12月

目 录

第1章

绪　论

1.1 研究背景

中国自1956年建立第一个自然保护区——鼎湖山国家级自然保护区以来，经过近60年的发展，已经形成了不同类型、不同级别、归属不同管理部门的自然保护地总体格局。各类保护地已逾12000个，覆盖陆域面积约18%（唐小平和栾晓峰，2017），有效地保护了我国重要的自然生态系统、生物物种、自然遗迹和自然景观，同时也形成了一系列国家法律法规与地方政策法规，实施了条块式管理模式，在资源管理体制方面不断进行探索，形成了具有中国特色的资源宏观管理体制。

进入21世纪的第二个10年，自然保护事业由"抢救性保护"向"质量性提升"转变，保护地管理中存在的一些问题也逐渐开始阻碍保护成效的提升。在多部门交叉管理下，保护地存在空间重叠、一地多牌、管理缺位与交叉并存的现象；多类型保护地的功能定位模糊、权责不清、资金不足、公益属性被淡化等问题愈加突出，生态保护与经济发展协同性不足等问题已经影响了保护成效和社区参与保护的积极性（闵庆文等，2022）。

中央高度重视国家生态安全保障与生态保护事业发展，党的十八届三中全会明确提出建立国家公园体制，将建立"统一、规范、高效"的国家公园体制作为加快生态文明体制建设和加强国家生态环境综合治理能力的重要途径。2015年启动国家公园体制试点工作，探索适合中国的自然保护与社会经济发展的国家公园管理体制成为解决长期困扰保护地内及其周边管理问题的重要战略机遇。2017年9月中共中央办公厅、国务院办公厅印发《建立国家公园体制总体方案》，为国家公园体制建设指明了方向；2018年3月发布《深化党和国家机构改革方案》，将我国自然资源管理部门和相关机构进行了调整，在顶层设计层面解决了原有的自然资源规划管理职能交叉重叠问题；2019年6月中共中央办公厅、国务院办公厅印发《关于建立以国家公园为主体的自然保护地体系的指导意见》，为自然保护地体系构建提供了根本遵循和指引，开启了我国建立以国家公园为主体的自然保护地体系建设的新篇章。

国家公园是国际上保护生物多样性与生态系统服务，满足人们对自然文化遗产价值需求的最重要的形式之一。国家公园理念从19世纪末由美国创立发展至今，从1872年黄石国家公园建立到其作为世界自然保护联盟（IUCN）的第Ⅱ类保护地指导各国保护实践，国家公园概念在国际化过程中既日趋标准化，同时也更加本土化。国家公园概念在构建过程中，由充满利他主义色彩的"荒野假说"开始，经历了基于传统美学、游憩以及铁路发展的商业诉求为代表的功利主义式价值，也经历了政府决策的权力斗争和不同利益主体的价值参与，逐步形成了包含自然保育和生态系统功能层面的功用的理念，成为在IUCN指导原则下得到广泛认可的一类保护地。IUCN对国家公园的理解是国家公园是指由国家划定并管理的，旨在保护具有国家代表性的自然生态系统、珍稀濒危野生动植物物种、特殊地质地貌景观等自然遗产，同时提供公众游憩、教育、科研和文化体验机会的特定区域。这些区域通常具有较大的面积，且其内的自然和文化资源得到了严格的保护和管理，以确保其生态完整性、生物多样性和可持续利用。在IUCN标准下，国家公园也在各国实践中进行本土化，各国可以依据IUCN保护地分类系统建立本国的国家公园和其他类型的保护地，依据自身国情和保护需求完善保护制度，不存在国家公园的标准模式，但其核心原则立足于生态系统管理，重视生态系统价值，依赖于生态科学和系统规划，并重视原住民和本地居民附着于自然物之上的文化价值（何思源等，2019）。

中国国家公园体制建设正是在丰富的全球自然保护实践经验和具有中国特色的人地关系演进中开展的。全球自然保护理念与实践在不断由"堡垒式"保护向"包容性"保护转变，解决自然保护与社会经济协同发展问题不仅是发展中国家优先考虑减贫脱困的关键问题之一，也是包括发达国家在内的良好的环境治理与公平、可持续的发展的关键议题。这一问题的解决不仅关系到国家公园体制建立中各利益相关方的角色定位与协作共赢，也决定了国家公园治理体系和管理模式，更关系到人与自然和谐共生的中国式现代化的实现：国家公园如何全面地保护和可持续利用自然生态系统和生物多样性，如何为公众提供优质的生态产品，如何引导社区参与和共享生态保护成果，是近10年来学术界研究的热点与我国保护管理实践中的难点。

在中国国家公园体制建设探索中，国家公园在空间上整合多类型保护地，涉及周边诸多社区及居民的生产生活，社区产业活动对国家公园具有直接的生态影响，社区对国家公园的认可与支持也是实现国家公园保护目标的关键因素之一。国家公园进行最严格的生态保护，但并非封闭式管理，而是要解决保护和发展之间的矛盾冲突。不少国家公园体制试点区将社区视为自然生态系统的一分子，引导现有产业发展方向符合生态保护需求，使得社区行为符合保护管理目标，自然保护成效促进社区资源可持续利用与社区福祉提升。中国国家公园社区将沿着乡村社区在60余年的自然保护地体系建设中的轨迹，承担资源治理角色，发挥治理主体作用，履行资源管理的权力与职责，开展决策，在与其他利益相关者的互动中获得相应的话语权和收益。

1.2 研究目的与意义

1.2.1 研究目的

本研究服务于国家公园体制建设与国家公园管理需求，以资源生态、乡村地理、社区发展、可持续生计、生态系统服务等学科与理论为基础，在深入了解中国国家公园体制建设目标与原则的背景下，系统地阐释国家公园传统产业转型发展的内在逻辑，选择典型的国家公园体制试点区，立足其传统产业转型发展的经验，从政策的客观实施与社区的主观评价的双重视角解析国家公园管理目标下传统产业转型发展的宏观方向与微观生计提升的具体措施和路径，以理论结合实证研究完善国家公园社区产业协同发展的治理框架，进而为中国国家公园人地协同发展，解决国家公园管理面临的社区产业发展具体问题提供科学依据。具体研究目标如下。

第一，在理论层面上构建自然与人工生态系统协同，经济与自然、文化协同的国家公园社区产业发展机制模型。主要以传统产业概念的动态发展及其对国家公园管理目标的适应为基础，以国家公园体制试点传统产业发展现状为依据，总结和提出国家公园传统产业转型的目标与方向，并以理论融合为基础解析传统产业在国家公园管理目标下的转型机制与理论路径。

第二，通过实证研究解析国家公园传统产业转型发展中的经验、困境和对策。中国自然保护地建设过程中始终存在着保护管理对社区生计与产业发展的约束与激励，成为国家公园体制建设中可借鉴的经验。自然保护区等多类型保护地的传统产业转型发展在推动区域经济发展和缓解社区居民与保护管理的矛盾方面取得了一定进展，但其既有的土地权属、激励方式、社区权能等诸多问题，也成为国家公园体制建设的重要前提条件。为此，在严格保护为原则的国家公园内外如何继承和学习最优实践至关重要。本书也因此以历史视角客观地总结了中国自然保护地与案例地传统产业转型发展的经验教训，并立足现实解析现有政策与其主观评价背后的传统产业转型的困境与对策。通过结合宏观层面的产业发展机理与微观层面的农户可持续生计，提出有针对性的国家公园传统产业转型发展措施。

第三，通过理论研究与实证研究的双重路径形成"理论－实证－理论"的适应性研究范式，提供一套区域和生计层面的传统产业转型发展的分析框架和政策建议，为中国国家公园体制建设提供科学支撑。

1.2.2 研究意义

国家公园体制建设的一个重要目标是促进人与自然的互动与和谐共生，社区是自然资源最为主要的使用者，社区居民在国家公园严格保护下公平地、可持续地从生态系统中受益是人与自然和谐共生的重要组成部分。为此，研究探索通过社区传统产业的转型发展来协调国家公园建设与区域经济社会协调发展具有重要的现实意义，也是人地协同发展理论研究中值得探讨的问题。

1.3 研究内容

乡村产业发展可以通过自然、人力、文化等多种资源优化整合，为社区带来经济收益的同时，与自然保护目标兼容。这一理念也体现在我国自然保护地体系优化和乡村振兴战略的具体结合和落实上。因此，从社区生计角度看待自然保护地内产业发展，并不是要完全摒弃对资源依赖性强的传统产业，而是要通过权衡社区参与具体产业活动对保护目标的影响和对生计发展的贡献来考虑产业恢复、维持、优化和拓展。国家公园的价值实现依赖于生态系统功能的保障以及生态系统产品和服务的持续供给，而传统产业的转型发展正是依赖于生态系统保护的产品和服务价值实现的过程，是社区居民作为生态系统服务的受益人和供给者的具体体现。本研究以国家公园体制建设中协调社区产业发展与自然保护目标的现实问题出发，将产业发展的根本目标视为释放国家公园所在地区的经济潜力，促进社区福祉，改善社区与国家公园管理的关系，以推动国家公园生态保护成效和全民公益。为此，本书以祁连山和武夷山国家公园体制试点区为案例研究区域，以深度访谈和结构化问卷调查等方式对国家公园管理机构、地方政府和社区居民进行了实地调查；开展了广泛的文献调查以供理论研究和提供实证研究的二手材料；对国家公园社区发展研究领域的相关学者通过结构化问卷实施专家打分法进行保护兼容性评价框架研究。通过以上研究方法，本书研究内容如下。

第一，国家公园管理目标下的传统产业转型发展目标与方向。立足国家公园周边乡村社区以农业生产为主的特征，聚焦国家公园社区已常规开展的以本地自然资源与生态环境为依托的生计活动，结合林下经济等产业经营概念，对比农业发展历程中的传统农业、常规农业、生态农业等概念，界定"国家公园传统产业"概念，从时间进程、空间布局与生计发展角度反映社区居民与自然生态的互动关系及其生态后果。借鉴可持续生计分析框架的生计结果维度并结合国家公园协同生态保护与社区发展的管理目标，从生物多样性与生态系统服务，资源可持续利用，社区社会–经济–文化等方面提出产业转型目标。依据国家公园管理目标，研究传统产业转型的具体生计目标和生计方式，分析将传统产业的经营理念转型（产业生态化）与产业功能拓展（产业多样化）作为转型方向的合理性，并从纵向的产业生态化与横向的产业多样化两方面提出传统产业转型方向与具体的保护兼容性生计活动，着重研究以本土资源可持续利用为目标的转型。

第二，解析国家公园传统产业转型发展的理论机制和路径。从与国家公园管理目标兼容着手，界定人类活动的保护兼容性概念，通过将其与传统产业转型发展的生态化和多样化方向结合，从生态、文化、社会、经济四个维度构建简明的快速评价体系，以反映产业蕴含的社区与保护区域自然环境的互动历史、文化积累、传统知识影响等，并通过产业生态化与产业多样化梳理保护兼容性产业活动。以生态系统服务概念为基础，分析农业生态系统与自然生态系统的协同发展机理，物质供给和文化服务的经济价值转化机理，以及社区居民作为自然生态系统保护者与人工生态系统管理者的权利与义务，形成一个面向国家公园管理目标的产业发展理论机制与实现路径，并以此作为案例研究的假设基础与适应性研究起点。

第三，国家公园体制试点区传统产业转型经验总结与进程分析。系统总结中国自然保护地传统产业转型发展的经验教训，以历史视角总结国家公园体制试点区所在区域的传统畜牧业和茶产业近10年来在以生态保护为目标之一时开展的与本土自然资源、文化资源利用与管理相关的产业优化、调整、转型的具体政策、实现方式与结果，分析转型的主要激励机制及其成效。在明确国家公园传统产业转型的既往方式、成效、不足的基础上，运用保护兼容性快速评估工具评价当前传统产业与国家公园保护目标的一致性与偏差。通过对现有政策的分析和社区农户主观评价的两个视角，系统总结传统产业转型发展的问题并提出转型方向。以生态系统服务视角联结产业发展与可持续生计，以价值实现为核心探索传统产业生态化和多样化的关键措施和制度保障。

第四，结合理论与实证研究完善国家公园产业发展机制模型，形成可借鉴的传统产业转型分析工具和宏观政策建议。通过案例研究的总结进一步从生态系统服务治理的视角完善国家公园传统产业转型发展机理模型，明确利益相关方的作用与转型过程的特征，形成完整的适应性研究范式，并从国家公园管理体制和机制方面提出政策建议。

1.4 研究实施概况

1.4.1 研究区概况

本书的案例调研区域为祁连山国家公园体制试点区和武夷山国家公园体制试点区。祁连山国家公园体制试点区总面积5.02万平方千米，其中，甘肃省片区3.44万平方千米，占总面积的68.5%，涉及7个县（区）33个乡镇198个行政村，含2个国家级自然保护区、1个国家级森林公园、2个省级森林公园、1个马场及2个牧场的部分范围，现有常住人口34020人，其中核心保护区2936人，一般控制区31084人，聚居有汉、藏、蒙古、裕固、哈萨克、回、土、撒拉等30多个民族；青海省片区面积1.58万平方千米，占总面积的31.5%，涉及4个县（市）19个乡镇（街道）57个行政村，4.1万人，含1个省级自然保护区、1个国家森林公园、1个国家湿地公园等，常住人口7248人，其中核心区人口1563人，公园范围内常住人口7248人。聚居有汉、藏、回、蒙古、土、撒拉和裕固7个民族。

武夷山国家公园体制试点区总面积1001.41平方千米，涉及4个县（市、区）9个乡镇（街道）29个行政村，含2个林场、1个农场及1个水库，包含739户3352人。国家公园周边2千米还涉及12个乡镇（街道）20个行政村。

1.4.2 调研方法

第一，研究主要采用文献分析进行理论研究，资料信息截至2020年8月。

第二，研究采用深度访谈进行理论框架的实证研究，并采用质性分析方法对访谈数据进行分析。深度访谈在武夷山、祁连山国家公园体制试点区分别开展（图1-1）。2020年8月3日至7日，在武夷山市与国家公园管

（a）

（b）

图1-1　座谈和访谈示意：（a）祁连县野牛沟乡；（b）武夷山市星村镇洲头村
（摄影：王国萍、王博杰）

理人员、地方产业、财政、发展和改革等部门人员开展座谈活动2次，访谈18人；与武夷山国家公园内的核心社区乡镇、村委管理人员及农户开展访谈活动11次，访谈22人。2020年8月10日至14日，在甘肃省兰州市与祁连山国家公园甘肃省管理局相关人员开展座谈，在甘肃省肃南裕固族自治县（以下简称肃南县）、青海省祁连县与政府和产业、交通、发改委、财政等部门开展座谈，在肃南县康乐镇，祁连县峨堡镇、野牛沟乡开展牧民访谈3次，重点访谈十余人。座谈和访谈主要采用半结构形式，问题面向农牧民、地方政府产业主管和相关部门、国家公园生态保护与社区发展部门三类主要人群设计，集中在三个方面：①产业总体特征；②产业的优势与不足；③产业的机遇与挑战。

对由录音转写的访谈文本进行质性内容分析，基于理论研究所界定的传统产业概念与发展路径模型，将产业特征、优势与不足和机遇与挑战在产业转型发展路径模型提出的两条路径下进行分析，对案例地传统产业的转型发展方向、关键措施和保障予以分析。

第三，研究采用结构化调查问卷开展国家公园传统产业转型发展的社区主观认知研究，对祁连山和武夷山国家公园内和周边的典型社区进行入户访谈。在祁连山和武夷山两地调查方式略有不同。在祁连山国家公园，由于大多数牧民都在遥远的夏季牧场，无法进行挨家挨户的访谈，因此，来自祁连县峨堡镇、阿柔乡和野牛沟镇的50余名牧民代表于2020年8月12日至13日在祁连县参与了问卷调查。在结构化访谈之前通过小组讨论的形式，选择了来自不同放牧区的牧民进行进一步的结构化访谈，以充分代表该地区的多样性。共选择了19名牧民，其中12名完成了访谈。这一过程由一名了解当地方言的学生协助完成。2020年8月4日至7日，调研组在武夷山星村镇和黄坑镇的10个村庄中进行了入户访谈，在镇政府帮助下确保受访茶农在生产规模上的多样性和代表性，共有23名茶农完成了访谈。

尽管两个案例地的受访者数量有限，但其高度多样性使样本具有可信度，能够符合研究希望探索的农户对生计风险的认知情况。调研过程中，半结构化访谈过程确保了信息饱和性。祁连山调研时，当4至5人完成半结构访谈时，达到了信息饱和；在武夷山，7至8人完成访谈后出现了信息饱和。最终问卷由四个部分组成，即：①家庭生计资产；②当前生计活动；③国家公园管理下的生计风险认知；④国家公园管理下的风险缓解措施认知。

第2章

国家公园传统产业的转型目标与方向

传统产业一词本身是一个发展变化的概念，需要在国家公园管理的语境下从平衡社区发展与生态保护的现实需求出发对其进行理解和界定，在对其本质进行剖析的基础上探索其转型路径。本章在梳理对传统产业的多重认知基础上，聚焦人地关系与国家公园管理需求，科学地界定国家公园社区传统产业概念，突出了乡村社区种养殖业、畜牧业、林业等农业生产方式，以及手工业与初始加工业等产业所承载的历史积淀与地域特色，同时提出传统产业具有包容性和适应性，能够接纳现代技术的发展并保持其生态原则，展现传统与现代的和谐共生，并以国家公园体制试点区的产业现状来佐证国家公园传统产业概念。本章在概括传统产业可能的动态变化后，立足其与保护目标的匹配和对生计发展的贡献，将传统产业转型方向定位为经营理念转变与产业功能拓展两方面，系统地提出国家公园传统产业转型发展的总体目标和核心目标，并进一步详细解析了如何由经营理念转变和产业功能拓展来推动国家公园传统产业转型达到产业生态化与产业多样化，最终达到产业价值提升的核心目标和推动保护与发展相协同的总体目标。本章是对国家公园传统产业及其转型的概念梳理和理论定位。

2.1 国家公园传统产业概念界定

2.1.1 一般意义上的传统产业

在 *The Oxford Encyclopedia of the Modern World*（Peter N. Stearns 主编）中，传统产业（traditional industries）通常是指前工业化时期的手工业生产方式，以及在以工厂为基础的工业化发展过程中这种生产方式的延续。Nakamura（1966）在对日本现代产业与传统产业研究中认为，传统产业首先在于其产业技术和产品较少受到本国以外因素的影响；其次，产业机构或编制规模仅限于几个人，往往是单一家庭成员，或者再加上几名雇员。因此，传统产业范畴限于农业、家政、商业与其他服务业。上述定义和研究侧重于产业生产方式，传统产业主要是前工业化时期与工业化发展过程中的劳动密集型为主的农业、手工业与服务业。

　　传统产业是一个历史的、不断变化的概念，在不同国家及经济发展的不同阶段，传统产业内涵有所不同。姚强和李鲲鹏（1999）认为，所谓传统产业，一般是指自工业革命发展起来的钢铁工业、汽车工业、纺织工业、机械制造工业和化学工业等产业，一般是社会经济的支柱产业。从社会经济支柱角度出发，鲁方（2001）认为传统产业是指那些在工业化不同阶段对国民经济发展具有重大支持作用的产业。从工业化不同阶段的历史视角看，孔祥敏（2001）认为，"传统"相对于"新兴"，传统产业是前一个阶段主导产业高速增长后保留下来的一系列产业。随着社会经济发展，经济合作与发展组织（Organization for Economic Cooperation and Development，OECD）曾以研究和发展（Research and Development, R&D）密集度作为确定高新技术产业的基本标准，把医药制造业、电子及通信设备制造业、计算机及办公设备制造业、航空航天制造业、电器机械制造业和专用科学仪器制造业等 6 个产业列为高技术工业，除此以外的视为传统工业。类似的，赵强和胡荣涛（2002）认为，所谓传统产业，一般是指应用不具有自主知识产权的传统技术占所有技术的比重较大，并以传统产品为主要产品的产业。从上述历史视角的研究可以看出，一般认为的传统产业从生产要素密集度来看，以劳动密集型或资本密集型为主。

　　从历史视角看，有学者认为，就当前中国的情况来看，传统产业主要是指在工业化进程中初级产品加工和重化工发展阶段兴起的一系列产业群，主要包括食品加工业、纺织服装及皮革工业、纸品加工业、建筑建材工业、机械设备工业、一般家用电器业、石化工业、冶金工业等，从要素密集型方式来看，属于劳动力密集型或劳动力 – 资本密集型的产业，产品的技术含量和附加值较低；从市场供需结构来看，其产品大都呈现供过于求的态势，市场竞争激烈，生产能力已有较大闲置。也有学者部分地综合上述生产方式角度和历史产业主导角度，提出当前我国的传统产业，主要是指在工业化初级阶段发展起来的一系列产业群，在产业分类上包括传统农林牧副渔业，第二产业中的传统工业如采掘业、制造业、建筑业和电力行业等，以及部分第三产业如交通运输业和房地产业等。

总体而言，一般语境下的传统产业主要还是指以劳动密集或资本密集为主的不同门类的第二产业，但对于第一、第三产业的作用和角色鲜有明确分析。

2.1.2 国家公园管理语境下的传统产业

国家公园体制与管理语境下的"传统产业"与一般意义上、新兴产业相对的劳动力密集型、以制造加工为主的行业存在明显差异，而与前工业化时期、工业化发展过程中的劳动密集型为主的农业、手工业与服务业存在关联。国家公园采用最严格的生态保护措施，同时要求实现全民公益，这就需要尊重国家公园所在区域内长期以来逐步形成和持续演进的人地关系，协调国家公园内及其周边社区与居民的生计发展与严格的生态保护的关系。从这一目标出发，对国家公园开展管理时面对的"传统产业"进行界定时：一方面，应从人地关系角度着眼，对长期以来形成的产业类型、规模和态势予以考量；另一方面，应从生态保护和社区发展协同的角度，对人类开展生计活动过程中对生物多样性与生态系统的扰动予以重视，全面聚焦人类生产实践对自然生态系统的直接和间接影响，并探索协同自然生态、人类生产与乡村发展的科学机理。

从国家公园建设和规划的地理位置来看，国家公园直接管理或间接辐射的社区一般都是乡村社区。较之城市等其他类型社区，乡村社区的主要经济活动是农业生产，包括种植业、林业、畜牧业、渔业等，居民职业分化程度相对较低，职业结构相对简单，但血缘关系和人际关系密切。由于地域的相对稳定性和居民的长期居住，社区内部形成鲜明的文化传统和风俗习惯。独特的自然地理条件形塑了当地的生产生活方式，也塑造了社区的文化认同和社区归属感。

可见，乡村社区人群生计活动（如农、林、牧、副、渔）和产业（采掘和部分能源行业，如水电）发展与自然资源条件具有较为紧密的联系；同时，乡村社区长期以来在对自然资源利用中所形成的独特的乡土文化与丰富的非物质文化遗产，也催生了依赖自然资源、文化和简单技术投入的手工业、初级产品粗加工等产业。

农业，包括种养殖业、畜牧业、林业和渔业在内，是自然保护地内乡村社区主要从事的产业。从一般定义上而言，传统农业是指沿用长期积累的农业生产经验，主要以人、畜力进行耕作，采用农业措施、人工防治及传统天然农药进行病、虫、草害防治为主要技术特征的农业生产模式。传统农业往往与常规农业相对，后者也被称为石油农业、工业农业，以资源的高投入、能源高消耗和生产的高效率为特征，在提高传统农业生产率的同时，也带来资源消耗和环境扰动，造成如土壤退化、生物链断裂、食品安全等直接或间接后果。为应对常规农业带来的生态、环境和社会效应，寻找替代性生产方式，在 20 世纪 80 年代，生态农业应运而生，其早期目标包括在农业生产中避免使用大量石化能源，确保表土层得到保持和更新，避免频繁使用有毒化学试剂控制野草、害虫和疾病，并且保持产量。在寻求与工业化农业不同的替代农业过程中，出现了包括生态农业在内的一系列语汇，包括丰产农业、自然农业、有机农业、生物农业、整体农业等，其核心理念随着生态学与系统科学发展，逐步由关注土壤保持和肥力维持，扩展到对整个农业系统内的要素关联和整体健康。

在生态农业理念的全球化过程中，中国生态农业发展有其自身特征。中国生态农业的现代发展建立在将历史时期农耕经验上升到科学和理论高度，在 20 世纪 80 年代依托生态平衡、生态系统概念而发展出"整体、协调、循环、再生"的生态工程建设原理（李文华等，2010），产生了中国的"生态农业"术语。

当前，我国现代生态农业发展趋势予以"传统农业"新的思考角度（李文华等，2010）。传统农业中的产业内部物质和能量循环利用逐步向产业链条上的资源投入节约、产品加工深度化、废弃物资源化的多产业开放性发展；传统农耕智慧下的生产功能优先的理念逐步向生产、生态和文化等复合功能转变；传统农业技术在维持的同时进一步加大科技含量；传统小农生产走向合作化以建立品牌和提高风险应对能力，以规模化和标准化适应社会化服务和市场需求；传统农业在知识技术传承和现代化过程中促进乡村社区可持续发展和区域景观统筹保护。

从农业发展历程来看，当前我国自然保护地周边乡村社区的传统产业既不是完全依赖于经验、生产效率低下但与生态环境相协同的传统农业，也不是在生产环节集约型、规模化、机械化的高投入高消耗的常规农业，而是迈向传统农耕智慧基础上的现代化生态农业。从其发展趋势看，它既符合自然与文化遗产保护需求，也适应农业发展需求。

因此，以对农业发展的分析可见，传统产业的具体形态并非一成不变，而是随着社会经济发展，在自然条件变化与政策、制度变迁下进行适应和调整。从生产的角度而言，传统产业的"传统"，更多的是指产业长期以来对自然资本的依赖始终存在，富有一定的文化内涵，但其社会资本、人力资本、建成资本等其他资本投入数量和比例随着技术进步和信息传递不断发生变化。

因此，面向国家公园管理目标和我国现代生态农业发展趋势和乡村可持续发展需求，本书提出国家公园传统产业定义的原则如下。

（1）从业人数。国家公园管理目标涉及社区生计发展，传统产业应是大多数社区居民从事的产业，是劳动力投入较为密集的产业，如农业、手工业及简单服务业。

（2）生产投入。国家公园以协调人地关系为主，传统产业生产活动在投入、产出、废弃物以及生态后果上与自然生态系统关联性强，是自然资本投入较为密集的产业。

（3）时间动态。国家公园尊重产业发展动态，传统产业应具有相对较长的发展历程，承载一定的文化内涵，在劳动力、自然资本密集基础上随着现代技术发展而出现机械化、规模化及市场导向认可。

（4）空间关系。国家公园重视生态完整性保护目标，传统产业生产活动主要在国家公园及其周边发生，应充分考虑与国家公园生态系统有直接和间接交流的生计活动。

基于以上原则，本书尝试给出国家公园传统产业定义。

国家公园传统产业是指以沿用长期积累的生产经验和技术为基础，以人力、畜力、自然物质投入为主，接受现代生产技术，辅以适当机械和化学物质投入进行的以农业生产为主、依附于农业生产的手工业和粗加工业，主要包括种养殖业、畜牧业、林业、渔业、采集、狩猎、初级加工和家庭手工业。

同时，研究所涉及的从事传统产业的社区，从其产业依赖的自然资本投入看，包括国家公园边界内核心保护区和一般控制区内的乡村社区，也包括对国家公园内的自然生态系统有明显影响、在景观尺度上延续国家公园生态系统并与其接壤的周边社区。

2.1.3　国家公园体制试点区传统产业简析

基于实地调研和二手资料分析，依照国家公园传统产业定义，本书对国家公园体制试点区[①]的社区居民从事的主要产业进行总结，发现其主导产业均符合国家公园传统产业定义，并将其现状、问题和国家公园管理对策进行总结和分析（表2-1，图2-1）。

表2-1　国家公园体制试点区主导产业现状

国家公园	产业类型	问题	对策
东北虎豹	种植业； 非木质森林产品生产	未发挥种植业多功能性； 种植业产品品牌化有限，经济价值转化弱； 松子采摘生产取消或另行安排区域； 木耳菌类培植菌袋木材成本上升	规范山参挖掘
祁连山	畜牧业； 种植业； 养殖业	农牧产品品牌弱、附加值低、市场竞争力弱； 生态搬迁下传统产业难以为继而且转型困难； 新兴产业培育难，缺乏龙头企业、特色经济带动就业	扶持生态种养、农畜产品精深加工； 设立生态管护公益岗位

---

① 本书研究区间主要为2019—2021年，中国国家公园尚未正式设立。

（续）

国家公园	产业类型	问题	对策
大熊猫	种植业； 非木质森林产品生产	种植业并非传统生计，收入低； 旅游业发展不完善，社区基本无法反哺受益； 商品林所有权、狩猎权等资源使用权完全丧失	建档立卡贫困户生态护林员选聘
三江源	畜牧业	草场压力； 禁牧减畜与生态移民后牧民转岗就业困难； 产业功能拓展不足，多元价值的经济转化能力低	生态管护员制度； 草场流转下生态高效畜牧合作社； 牧家乐、民族文化演艺等产业
海南热带雨林	粮食、经济作物种植； 养殖业	世居民族生态红利获得不强； 经济结构较为单一，传统利用存在生物多样性损害； 不同社区间产业融合弱，缺乏相互支持	生态移民异地搬迁和产业扶持； 依托文化、农林生产的可持续旅游
武夷山	以茶为主的种植业	产业功能向旅游业拓展，茶旅融合不紧密； 生态旅游产品开发滞后	中央财政支持产业转型升级； 规范茶叶种植； 规范茶叶地理标志认证和使用
神农架	苗木、生态农业	农业扩展受限补偿力度不足，利益分配不公； 生态农业种植结构不合理、商品化程度低； 生态旅游层次低，产业融合不足，居民能力有限	提供生态管护岗位； 特许经营企业社区优先就业； 清洁能源推广和补贴； 人兽冲突补偿机制； 经济作物种植帮扶和集体产业扶持
普达措	种植业； 畜牧业； 林下采集	农牧业功能向旅游服务拓展，但相关技能缺失； 社区产业经营落后	对农户进行现金反哺； 取消无序经营并予以环境整治反哺； 提供生态保护和基本服务岗位
钱江源	林下种植、养殖业	传统产业效益不足	集体林地、农田地役权改革； 建立人兽冲突商业保险； 对生态移民户予以以电代柴补贴； 原居民生态管护员制度； 建立候鸟迁徙觅食损失补偿； 扶持中药材种植基地建设
南山	蔬果种植业； 畜牧业	产业功能向旅游业拓展，但缺乏政策和管理统筹； 生态旅游缺乏科学规划和特许经营	部分集体林纳入省级公益林； 其余实行经营权流转补偿； 生态移民搬迁安置； 奶牛放牧区域和数量控制

图2-1　国家公园体制试点区传统产业景观示意：（a）钱江源山泉流水养鱼；（b）三江源草场；（c）武夷山茶园；（d）祁连山草场（摄影：何思源）

通过对国家公园体制试点区内社区主导产业进行分析，可以发现这些传统产业现状具有一些共性特征。

从时间进程看，产业从业者积累了大量传统知识、技术和管理体制，随着信息传播、理念改变和政策影响，开始探索调整种养殖结构，如发展林下经济，或拓展种养殖以外的其他功能，如进行旅游接待，还有些传统产业（如狩猎）因长期以来受自然保护管理的影响已经衰弱或被其他传统产业替代。

从空间布局看，无论是传统产业还是其动态变化，生产和经营以散户为主，往往围绕家庭居住地及其周边地域，利用当地及周边人力资本、自然资本、社会资本等开展，产业链在空间延伸有限。

从生计结果看，传统产业已经成为个人和家庭收入主要来源，与市场关系逐渐密切，但也存在自给性产业。

在以生态保护为首要目标的国家公园管理下，社区居民会继续对相应管理措施做出反应，体现出国家公园管理下的产业动态特征。

首先，传统产业可能进一步退化或流失。国家公园管制，如禁止狩猎、薪柴等非木材森林产品采集、木材采伐，可能会造成资源获取渠道减弱或消失，以及土地抛荒。

其次，传统产业可能会继续维持，如在国家公园管制下能够维持一定利润的大宗农牧产品的种养殖和特色产品的品牌化。

最后，传统产业可能会进行对保护有负面影响的扩张或强化。为了对国家公园严格管控下出现的经济损失进行弥补，这类行为可能是局部对化肥、抗生素、农药等的依赖性增强，土地利用变化，品种单一化或市场驱动的短期品种选择等。

2.2 国家公园传统产业的转型发展目标与方向

2.2.1 国家公园传统产业转型发展趋势

在对现有国家公园体制建设进程中的社区传统产业发展现状进行简析的基础上，本书结合社区在其生计活动受到国家公园保护管理影响时的可能反应，同时考虑到国家公园管理目标，分析传统产业的发展趋势及其转型原因。

传统产业是否需要转型，首先，要看当前传统产业是否符合生态保护目标，其次，也要从社区生计发展角度看其是否能够促进生计的可持续性，减少生计脆弱性。因此，本书将普遍意义上的乡村地区传统产业转型趋势分为三类，并从国家公园管理目标上提出其应对原则。

（1）在多元因素驱动下的产业萎缩和消失。包括政策驱动、经济驱动下的传统种养殖业、（林下）采集、捕捞、伐木、狩猎等产业的逐步退出。对这类产业的衰退动态应从两个角度进行解读。一方面，产业中所积累的知识、技术和文化随着产业消失而丧失；另一方面，土地利用的变化、本土知识的流失也会对自然生态系统带来威胁。低强度农业生产，如放牧和传统干草制草，创造了具有新的物种和群落多样化的半自然栖息地与景观结构，这些群落则依赖于低强度生产实践的延续。因此，对这类产业的衰退动向，本书考虑到产业与自然保护的兼容性，认为应考虑是否有可能进行挽救和恢复，如没有挽救和恢复的可能，则需要考虑进行传统产业的更迭，如在禁止狩猎后开展种养殖业。

（2）在多元因素驱动下的产业维持和停滞。传统产业处于主导地位，具有一定的路径依赖，在没有激励机制的情况下，其生计维持作用可以保持，但生计提升和可持续性潜力未充分发挥。出现这种情况一般是因为产业缺乏科学规划和标准化管理，与保护目标冲突尚不明显，但在保护红利惠及大众时，会存在生计发展的相对不平衡，如自给性牧业、粮食种植等。因此，对这类产业，应在国家公园管理目标下提高产品附加值，拓展产业功能，进一步发挥其生计提升功能。

（3）在多元因素驱动下的产业扩张和强化。如市场需求驱动与政策驱动下的经济作物大面积扩张、农田集约化管理等。这种情况一般会与保护目标造成冲突，主要是带来生境丧失、土地退化等问题。通过集约化（例如增加化肥和杀虫剂的使用）、专业化（减少作物轮作和减少农畜混合农场）和合理化（移除树篱、边缘和其他边界生境）实现的农业现代化，对这些半自然生境及其相关物种的多样性和丰富度产生了正面或负面影响（Poláková et al., 2011）。因此，国家公园在管理中，对这类产业发展动向，因从其决策动因出发，并考虑产业本身的保护兼容性，对其进行限制、规范和优化。

2.2.2　国家公园传统产业转型发展总体与核心目标

考虑到传统产业转型的不同趋势及其相应的背景，本书所界定的传统产业转型，不是指对传统产业的摒弃，而是在国家公园管理体制建设进程中具体考虑传统产业如何能够协同保护目标进行差异化发展。对不同的保护地区域，需要针对具体产业发展的现状和趋势，考虑相关产业相对于国家公园的空间分布和区域发展上的地域分工和对生计发展的贡献，经过对其与保护目标的匹配，从经营理念转变与产业功能拓展两方面进行产业价值提升。这既包括了现有产业优化升级，如生产和发展方式转变、内部结构改善、效率提高等，也包括了产业类型的丰富和功能拓展，并且在产业更迭中也聚焦于上述两个方面。总之，国家公园传统产业转型的根本目标是释放国家公园所在地区的经济潜力，促进社区福祉，改善国家公园管理中生态保护与社区发展的关系，最终实现国家公园生态保护成效和全民公益。

进一步地，国家公园社区所从事的传统产业不能轻易摒弃甚至可以恢复的原因主要是在于传统产业的产生与发展往往与自然环境相互影响，生产系统已经成为区域景观的一部分，有可能发挥着一定的生态保护功能，并具有深刻的文化意义。不少研究已经表明，自然生态系统周边的农田提高了景观尺度的异质性，为生物提供了栖息地，保障了当地的生物多样性（Wiens，2001；Donald & Evans，2006；李黎和吕植，2019）；林－农、林－牧等复合生态农业系统都能够保持相当一部分的原始森林生物多样性（Petit & Petit，2003；Donald，2004；Aratrakorn et al.，2006）。因此，在国家公园传统产业转型中，需要以具体问题为导向，识别社区生计发展诉求与自然保护管理的真正矛盾所在，确保自然生态系统在社区产业发展下仍可良好运行，并成为社区居民的福祉来源。

为此，本书提出国家公园传统产业转型发展的总体目标和核心目标，以反映传统产业转型的目的和意义。

国家公园传统产业转型发展的总体目标，是全面发挥国家公园所在地资源优势，充分实现本土资源的多重价值，融合传统智慧、现代技术和管理理念，提高资源利用效率，保障多元生态产品质量，对接差异市场需求，整体提升社区居民产业管理能力和水平，协同国家公园生态保护管理，享受国家公园生态保护红利。具体地，本书通过匹配国家公园管理目标，将传统产业转型发展目标解读为以下四个方面。

（1）产业发展与生物多样性保护共存。国家公园社区产业有利于区域内自然物种、农业种质资源保存和区域景观多样性维持。

（2）产业发展维持和生态系统服务拓展。国家公园社区产业有利于在不同时间，为不同空间的生态服务受益人提供多样化的生态系统产品和服务。

（3）产业发展促进资源可持续利用。国家公园社区产业发展模式有利于产业内部物质能量循环利用和产业链循环经济建设。

（4）产业发展促进乡村社会–经济–文化协同发展。国家公园社区产业发展能够发挥土地多功能价值，有效提高居民经济收入，促进利益公平分配，激发社区自然和文化遗产保护意愿和自觉性。

国家公园传统产业转型发展的核心目标，是提升产业的附加值，包括产业链延伸等实现的经济附加值、依托产地生态特征和产品安全的生态附加值以及产业多功能衍生的文化附加值。这是因为，确保国家公园社区产业发展，拓宽居民收入渠道，提高就业率从而实现收入提升，是维持和改善社区居民与国家公园关系，促使社区理解和参与生态保护的前提条件之一。因此，在有限的资源利用条件与严格的生态保护管理下，社区从事的产业活动必须能够带来足够的经济激励。

2.2.3　国家公园传统产业转型发展方向

为实现上述国家公园传统产业转型的总体目标和核心目标，本书进一步提出国家公园传统产业转型的两个关键发展方向。

2.2.3.1　传统产业经营理念转变：产业生态化

首先，国家公园传统产业转型发展需要传统产业经营理念的转变。国家公园传统产业发展必须符合生态保护需求，不能只追求规模化、产业化、短期经济效益，而是要追求品牌化、风险应对能力、可持续性，进行产业生态化，通过产业链延伸和价值链增值提高多重附加值。

产业生态化首先是在产业内进行融合，依托传统农业系统的生态循环理念，与现代科技手段相结合，对传统农业进行优化，发展绿色生态的复合循环农业模式，形成生态农业等产业模式。产业生态化可以利用资源条件进行适度的规模经营：一方面，通过农业产业内部的种养、农牧、农林等相结合来实现一定的专职化、专业化和标准化，促进农业资源节约、循环和可持续利用；另一方面，通过零散土地和小农生产经营的整合管理来促进土地经营效率和规范生态管理标准。在产业发展中，设施设备等建设都要以生态理念为基础，以科技为支持，依据保护需求进行产业的适度集约和精细化管理，在确保产量的同时尊重传统知识的文化的借鉴与保存。

同时，产业生态化也追求农业生产整个链条的循环高效，通过有效的产业组织模式让小农户与产业组织深度融合，为标准化、品牌化、市场化提供适宜的生产经营规模。一方面，生产经营小户、大户和农业企业需要在生产、加工、销售等方面分工合作，形成利益共同体；另一方面，在产业前端，需要围绕生产要素发展生产资料加工和技术服务，在后端需要围绕初级产品发展农副产品加工制造，从而在产业链上各环节形成科学、规范、统一管理。

传统产业转型发展中，畜牧业生态化得到了不少研究。畜牧业经营理念的转变动因复杂（鲍文，2018），包括牧民本身出于社会公平的发展诉求，基于环境认知的细分市场需求予以的发展机会，寻求多元生态补偿的时机，等等。国家公园体制建设在确保社区生计发展，推动全民生态保护意识和协调生态保护权利和义务方面，也符合上述产业经营理念转变动因。研究指出（尹晓青，2019），围绕草场、牲畜和牧民三个产业核心要素，畜牧业生态化首先在于合理划分草场，科学设定载畜量，动态开展草场利用，确保草场数量和质量，对牲畜进行品种选择和结构调配来适应草场状况。其次，适宜地区的畜牧业与农业要恢复形成闭合的生产循环和稳定的生态环境，避免畜牧业脱离草地生态系统而过度集约化、工业化、机械化。最后，向前延伸牲畜养殖到饲草种植、饲料生产，向后延伸至屠宰加工、冷链物流，农牧结合发展沼气发电、有机肥生产等，形成传统畜牧业产业链生态化。畜牧业经营理念的转变需要一定的保障措施来推动（布尔金等，2016），在社会发展方面，包括完善社区基础设施、强化本土知识教育、提升基层公共服务等；在生产经营方面，包括协调集约化育种和种质资源保护、丰富牧民市场信息获取渠道和提高市场参与主导性、建立区分本地特色产品与农区圈养低成本产品的价格机制、完善产业链社会化服务（如冷链和冷库、融资）等。

在种植业等传统产业中，茶产业的生态经营理念在不少研究和实践中受到重视。作为重要的文化景观，茶产业的现代发展强调其生态、经济和文化价值的整合体现。与畜牧业产业的生态化类似，茶产业生态化同样立足于生态系统整体平衡，将茶山视为自然生态系统的组成部分和作用对象，从不同尺度上转变茶产业经营理念。在景观尺度上，维护整体的山地生态系统，进行区域植被和土壤修复，控制水土流失（刘朋虎等，2018），予以茶山、茶园健康的自然生态背景和完整的生态要素；在茶山尺度上，进行标准化的生态茶园建设，充分利用物质循环原理和生物协同关系，建立科学施肥、物理防虫等体系，确保茶叶品质安全（宁碧波，2015）。这一经营理念的改变，也需要完善的支持体系（刘朋虎等，2018），包括长期的监测评价体系，在景观和局地尺度上观测经济、社会和生态效益并对生产管理进行调整；动态的技术调控体系，在合理评价的基础上因地制宜地适时调整栽培管理技术。从产业链循环的高效和可持续性视角出发，不同规模生产者的合作形成利益共同体，以多元的产业组织模式有策略地面向差异化的消费市场进行生产销售，是茶产业经营理念变化的重要特征之一。研究指出，提升附加值的重要路径之一是从产品到商品再向品牌的升级，为此，需要让分散农户的生产与市场紧密衔接（刘朋虎等，2018）。因此，在产业组织上，规模化企业与合作社通过向前后纵向延伸产业链，能够促进茶叶生产、加工和流通融合发展，帮助分散的农户进入市场，发挥其种植管理技能优势，推动销售、社会化服务发展，从而降低成本，形成品牌，促进茶叶生态化标准得到监督实施。

国际上生态和有机农业的发展经验也证明自然保护地内及其周边的传统产业的可持续性建立在其生态经营理念之上，充分体现自然生态系统与农业系统的互惠互利。例如,在意大利的国家公园内,传统土地利用不受外来化学物质污染,与自然生态系统衔接,为捕食性鸟类和昆虫提供自然栖息地,为生物多样性保护提供空间(Štraus et al., 2011)。法国国家公园建立国家公园品牌管理制度(图2-2),以严格的生态标准确保国家公园内农产品的品质,彰显其生态稀缺性,推动产品到商品到品牌的升级和附加值提升(陈叙图等,2017)。此外,对乡村可持续生计与生态系统服务的研究中发现,国家公园传统产业在经营理念转变中,需要充分对接市场需求,在农业普遍倡导专业化、规模化、集约化和面向世界市场的背景下,重视小规模产业的可持续性和以特色产品服务地区市场(Van der Windt & Swart, 2018),在一定程度上促进特色产品在地销售,通过增强稀缺性和品牌效应来吸引外来者慕名而来;同时,也通过互联网、新媒体、电子商务等新兴技术手段推动经营主体在销售过程中增加产品附加值(熊爱华和张涵,2019),提升品牌意识和品牌效应。

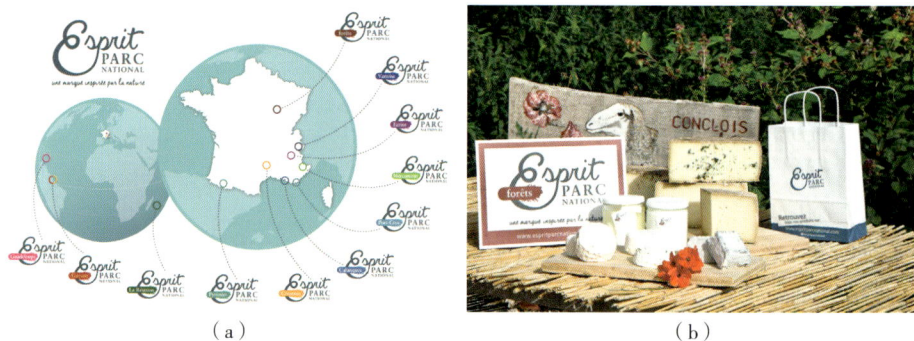

（a）　　　　　　　　　　　（b）

图2-2　法国国家公园精神标志,作为集体品牌并代表每个公园的特色(a);其中一个公园的产品(b)(来源:https://www.parcsnationaux.fr/fr/des-actions/la-marque-esprit-parc-national以及 https://rando.forets-parcnational.fr/)

可见,国家公园传统产业虽然包含在区域发展规划中,但受到国家公园生态保护影响,不能也不会出现生产的高度集约化、规模化和产量导向的大宗产品生产方式,而是要在生产过程和产业链上遵循生态循环理论,在不同规模的生产经营者之间开展协作,形成利益共同体。通过各种产业组织模式,结合标准化管理和规模化经营,发掘产品的生态稀缺性和文化特色，控制产品质量，并将其转化为国家公园品牌，从而提升附加值。

因此，在国家公园传统产业经营理念变化中，需要根据不同地区产业形态和发展程度来选择产业组织模式。以农户外部导入或龙头企业引领形成企业组织模式，以公司+农户、公司+基地+农户、公司+协会+农户、公司+合作社+农户等多种模式形成协作，为此而需要企业规模、责任和理念到位，以平衡公司-农户关系。同时，也要探索以农户内部联合进行产业化经营的合作社组织模式，让农民通过拥有主体地位来实现农业一体化经营和企业化管理，实现利益共享和产业化经营，为此需要领头人物和协商与奖惩机制来维持合作机制运行。此外，还应重视引入具有定制特征的合同生产模式，在农业产业链上的各经营主体之间彼此签订合同，包括农户、初级和加工企业、生产资料流通企业、农产品批发和销售商等，为此，需要明确的权利义务关系来促进产业链上各环节联动。

2.2.3.2　传统产业多元功能拓展：产业多样化

国家公园传统产业转型发展需要传统产业拓展其他功能。国家公园传统产业发展以提升产品附加值为核心目标，而依托产业关联的自然资源、文化资源和传统知识等，通过拓展产业功能来发展其他产业，进一步丰富产品类型，可以充分发挥资源比较优势，有效增加农户收入，促进国家公园生态保护与社区生计协同发展，全面提升生态附加值和文化附加值。

传统产业的功能拓展依托于产业（如农业）本身的多功能而实现横向的产业多样化。这一多样化不是指单一推动产业链上下游联动，而是在产业生态化过程中实现的资源节约、环境友好之外，进一步拓展生态保护、旅游休闲、文化传承、科教示范等功能。传统产业的功能拓展本质上源自农业的多功能性，即其在食品和纤维生产外的其他作用。多功能农业在横向上所囊括的食品安全、环境保护、乡村活力等方面丰富了农业在区域发展中的作用（Huang et al., 2015）；随着景观生态学的发展，景观尺度的多功能农业成为多功能景观，将潜在的土地利用从自然生态系统到密集城市聚落排列在一条土地利用强度梯度上（Ellis & Ramankutty, 2008），使得生态农业景观成为一种自然/本土生境和农业生产用地共同构成的景观镶嵌体。传统产业目的是维持农业和自然区域的协调和相互促进，获得生产、自然保护和生活间的平衡。因此，在国家公园管理中促进传统产业转型发展，是平衡传统产业对于社区而言的私利性与限制传统产业对于大众的公益性，而对产业多功能的发掘既是对私利损失的弥补，也是对公益成效的探索。

国家公园传统产业从产业横向融合看，农业经营主体拓展农业新功能的产业融合模式较为适合城市郊区或生态、乡村文化资源富集区，成为引导农户进入三产融合的方式之一（熊爱华和张涵，2019）。国家公园正是具有突出的生态与乡村文化资源的地区，因此，从农业多功能性出发，依托国家公园自然生态资源和传统产业的景观特征和文化价值，传统产业的拓展方向主要是文化与旅游业。通过识别地域特色、生态特征和历史文化资源，农业景观特征和人地关系内涵可以逐步成为旅游产品；不过，普遍意义上的旅游农业、休闲农业、创意农业等新业态在国家公园管理背景下应更多体现农业经营主体本身在认知自然、适应自然乃至保护自然方面的知识、能力与产品供给，其所拓展的以文化、旅游为主导的产业本身也需要在生态理念指导下发展，即在产业多样化的前提仍然是产业生态化。

国家公园传统产业的功能拓展本质上是对资源比较优势的实现和对农业经营主体能力面向生态保护管理目标的充分发掘。基于传统产业本身的自然资源依赖性带来的时空属性，传统产业功能拓展的实现形式具有多样性、动态性，产业具有适应性，其结果能够提高国家公园社区传统产业的资源利用率。在时间上，传统产业具有季节性，自然资源和生产要素一般无法在一年四季反复利用，传统产业的横向融合使社区农户参与到全社会的产业间分工中，让一些因季节性而限制的资产和要素得到充分和反复利用，拓宽农户收入渠道，增加家庭收入；在空间上，传统产业生产空间与社区生活、区域生态空间接近，重新规划组合资源拓展原有生产、生活空间功能，衔接生态空间功能，设计创造新的产品，有利于提高传统农牧产品生命周期，带动就业。

传统产业向文化与旅游业拓展具有代表性，是主导方向。从国外的自然保护地传统产业转型经验来看，以保护生物多样性和环境为目标创造良性的生态农业产业链，促进产业链的生产、加工和零售发展，并将其与生态旅游业发展相融合，是自然保护地社区可持续土地管理的重要组成部分，能够让生态有机产品、文化景观和生态旅游方式相结合（Štraus et al.，2011）。同时，利用传统产业中劳动力的季节性，依托生态旅游发展手工业，也是提升文化附加值的重要方式。自然保护地的产业生态化是传统产业转型的重要方向之一，但其一般难以规模化、数量化，难免存在收益提升有限问题。而作为自然保护地管理中重要的利益主体，传统产业的功能拓展能够促进利益主体在产业经营中参与生态保护，如进行环境教育、生态管护，同时享受生态红利，通过产业多样化来带动就业与提高收入，提升文化自豪和自信。

我国国家公园社区产业多样化可以借鉴国外生态农业与自然保护协同管理的经验（图2-3）。从消费驱动的视角看，公众对食品安全的要求、对乡村田园的向往、对旅游多样性的期待等，为国家公园周边社区传统产业拓展提供了机会，将生态农业的田园风光和农耕乐趣融入自然景观，是旅游产品多样化的重要途径。立足国家公园生态保护目标和传统产业已进行的功能拓展，国家公园社区产业的多样性可以从三个方面入手。

首先，是依托特许经营进行乡村旅游产业的生态化和产业升级。依托国家公园自然景观和传统产业文化景观，国家公园密切关联的社区之间在旅游产品设计与景区规划上要彼此协调，突出国家公园特征，科学测算承载力，调动社区经验和能力，在此基础上有侧重地进行管理水平、技术水平和旅游服务质量的提升。在依托传统产业的旅游发展中要特别重视通过特许经营等规范方式确保国家公园产业多样化达到文化真实、生态完整与区域协调。

图2-3　德国人与生物圈保护区Spreewald开展的仅由社区居民提供的游船服务
（摄影：何思源）

　　其次，是推进空间限制较小的文化创意产业发展。在景观之外，可以充分发掘传统产业中的特色文化，包括对生态知识、民俗文化、民间艺术、手工艺技能等进行再创作，其具体生产和消费空间不限于国家公园内及其周边。

　　最后，是以国家公园所在区域为整体，以产业生态化和产业多样化进一步带动外围产业发展，促进区域整体的产业转型。转型方向包括农业技术、信息技术的技术服务业，企业管理、法律、咨询、广告和职业中介等商务服务业，产品运输物流业，互联网和邮政通信业等，可以依托国家公园特色小镇和区域中心城镇对乡村社区产业予以支持。

第3章

国家公园传统产业转型
理论基础与模式路径

传统产业是否转型以及如何转型是保障自然保护地社区协同发展的关键问题。保护兼容性是基于人与野生动物共享空间而不断发展成熟的包容性保护理念，用以协调人地关系，丰富土地利用功能，缓解保护与发展的矛盾。本章将从比较研究的视角界定保护兼容性概念，并提供一个评价传统产业能否与保护目标兼容的快速评价体系以供案例使用。在此基础上，依据保护兼容性所重视的自然保护的有效性、社区发展权利的公平性、本土人地关系的延续性，以及对资源多元价值及其经营理念转变下的价值实现，对标国家公园传统产业转型发展的产业生态化与产业多样化两个核心方向提供可供国家公园社区发展的保护兼容性产业活动。同时，本章通过理论回顾和整合在景观尺度上解析产业活动的保护兼容性，从农业生态景观与产业融合的视角提出面向国家公园管理目标的传统产业转型发展理论模型，体现农业生态系统与自然生态系统的协同发展，物质供给和文化服务的经济价值转化，以及社区居民作为生态系统管理者的权利与义务，并提出国家公园传统产业转型发展目标实现路径和价值提升机理。本章是传统产业转型机理的核心解读。

3.1 社区产业与生计活动保护兼容性评价体系

3.1.1 保护兼容性概念界定与相关概念辨析

自然保护地社区的产业与其他生计活动的保护兼容性是指自然保护地内及周边社区的具体生计活动的方式、过程和结果对生态系统及其组分的干扰有限，具体的行为不违背生态保护目标。因此，"保护兼容性"聚焦于实现自然保护地管理目标，其核心在于判断自然保护地内的土地利用与其他人类行为是否与保护目标相容。前期研究提出的保护兼容性谱系图涵盖了自然保护地内及其周边内可能开展的多种行为活动，从保护兼容性强的保护、管理行为到保护兼容性逐步减弱的多样化的资源开发、利用行为（图3-1，何思源等，2020）。保护兼容性图谱就是聚焦于物种与种群、群落与生态系统以及环境本底等三类保护对象在特定保护目标下的保护需求进行的梳理与总结。因此，社区产业（如种茶）和生计活动（如薪柴收集）的保护兼容性就需要从活动过程中的土地、自然资源利用的具体行为方式与后果来进行判断。

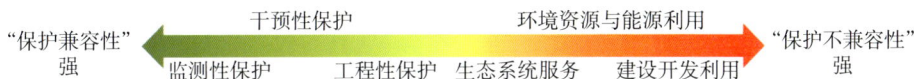

"保护兼容性"强　　干预性保护　　环境资源与能源利用　　"保护不兼容性"强

监测性保护　　工程性保护　生态系统服务　　建设开发利用

图 3-1　自然保护地内的人类行为的保护兼容性图谱

中国国家公园管理理念包括了"生态保护第一，国家代表性，全民公益性"等核心要素，其首要任务是保护自然生态系统的原真性和完整性，维护生物多样性，同时应展示国家自然和文化资源的精华，具有国家象征意义，也应服务于公众利益，提供教育、科研游憩等公益服务。因此，国家公园大部分区域处于严格保护之下，不存在人类的强烈干扰，小部分区域有受到严格控制和管理的科教游憩活动与当地社区居民的生计活动，其管理目标是维持自然健康的生态系统和保护野生动植物及其栖息地。对生态系统结构和功能进行保护与恢复才能为人类提供包括洁净空气、水在内的物质，才能调节气候水土、防风固沙，保护当地生计依赖的自然资源与文化遗产，提供游憩机会与精神慰藉等多种生态系统服务。然而，我国自然保护地发展历程与国际上国家公园的管理理念也说明，促进周边社区协同发展也是国家公园管理目标之一。自然保护已经从"堡垒式保护"走向"包容性保护"，国家公园作为我国自然保护地的最高级别类型，其管理理念更加注重生态系统的整体性和可持续性，强调在自然保护的基础上促进人与自然和谐共生。为实现社区协同发展而进行国家公园管理，需要充分考虑社区的利益和需求，通过政策扶持、技术培训、产业引导等方式帮助社区实现经济转型和产业升级。而这一考量所针对的正是生态保护与社区发展之间的潜在矛盾。

对于自然生态系统的管理，首先是要控制不当的人类干扰，而国家公园内及其周边的社区居民生计和产业活动是最为直接的（潜在）干扰之一。随着交通与网络发展，信息传播深入而广泛，自然保护地周边社区经济发展诉求不断增加，在效仿自然保护地外发展方式时，出现了与保护管理目标不兼容的行为，包括多样化农耕系统的品种单一化和规模化，过度施用农药化肥，外来物种替代本地传统作物品种，旅游过度开发，非法狩猎、采集、开矿等（解焱，2018）。这些行为影响自然生态系统结构和功能，带来环境污染，生物多样性降低、栖息地破碎化等不良生态后果。这些活动和行为往往是社区居民产业和生计发展的具体实施路径，是他们提高经济收入和实现生计发展的选择。因此，从协同保护与发展的矛盾出发，对国家公园内社区传统产业，从其具体生计活动出发来衡量其保护兼容性具有现实意义。

从协同社区发展与自然保护角度提出的保护兼容性，与现有的"自然保护地友好"理念相似，后者将在自然保护地周边实施的绿色发展方式综合归纳为"保护地友好发展方式"，即在自然保护地周边，采取对生物多样性和自然生态友好型的发展方式，有效缓解自然保护地及其周边保护与发展的矛盾，激励当地社区、企业以及城市大众，参与和支持自然保护地体系的保护（解焱，2018）。可见，"保护地友好"从发展方式角度出发，其内涵更为广泛，"友好"不仅包括微观上的产业活动中的产品生产和服务供给行为，还包括实现这些微观行为的宏观上的空间功能区划、社区管理规划、产业发展规划等方面。

保护兼容性与自然保护地友好（性）的相似之处则主要体现在其微观层面的具体产业行为与生计活动对实现保护地具体保护目标的支持，如无农药化肥的传统耕作方式、针对种质资源的特色养殖、提供生态导赏等；同时，与自然保护地友好类似，社区产业的保护兼容性也含有社区生计可持续性，即社区需要依托于自然保护地的良好管理来开展生产与生活，从而促使自然保护地社区的经济、社会和文化繁荣，也在一定程度上支持文化遗产保护的实现。这一生计可持续性内涵，主要来自基于社区的自然资源管理（Community-based Natural Resource Management, CBNRM）理念。保护兼容性显示了社区对本土资源的优化管理和可持续利用，基于不离土离乡的自然资源管理的生态智慧，也吸收现代生态系统管理理念与技术。从本土资源优化管理内涵上看，保护兼容性也具有社会文化内涵，即这些产业和生计活动中的传统知识、技能、制度体系乃至世界观都能够有意无意地促进本土资源的合理利用而不损害自然生物多样性与生态系统完整性。

　　二十余年来，在资源生态领域还有资源节约型和环境友好型（或生态友好型）等概念。这两个概念与保护兼容性概念存在明显区别。首先，其提出背景不同。资源节约型与环境友好型（两型）的提出背景是高速经济增长下的资源耗竭与生态环境恶化，其目标是在土地等资源的承载力范围内实现人类可持续发展，其核心是发展；保护兼容性与保护地友好的提出背景是自然保护管理实践下的经济驱动的不当干扰，其目标是在保障和实现社区发展权利下实现自然保护成效，其核心是保护。其次，其使用范围不同。基于概念与内涵，资源节约型、环境友好型等同时使用于宏观的社会发展、中观的产业发展与微观的土地利用等不同层面，以可持续发展为核心，以资源优化管理为手段，在不同尺度上将资源利用和生态损害控制在环境承载力范围之内，达到经济–社会–生态的平衡；保护兼容性则一般聚焦于相对明确的自然保护地及其所在空间区域，以无损于自然生态为目的，以本土资源的优化管理为手段满足保护需求，在自然保护地周边以社区为主体开展联动保护管理成效的生计活动，达到自然生态系统与人类影响的生态系统的协同。最后，其实现方式与结果不同。前者以可持续的产出为导向，追求资源利用效益最大化、污染物排放量最小化，以物质能量循环的客观规律为基础，寻求以工程和技术手段实现适度、规模、集约、循环的资源利用，具有技术密集、资本密集倾向；后者以重新定位人与自然生态系统关系为导向，不以环境承载力下的最大产出为目的，而是追求本土资源多元价值的充分发掘和经济转化，统筹当地的传统生态知识文化与现代技术，寻求以产业经营理念转变来推动资源的经济、文化和生态附加值的提升。

不过，从概念内涵出发，如果将从土地利用与产业发展视角提出的资源节约型与环境友好型（生态友好型）置于自然保护地及其所在区域，它们与保护兼容性在土地利用和人类活动方面的内涵也具有相似之处。从本质上说，环境友好或生态友好的土地利用实现的基础是生态学原理，对其利用和修复都要遵循生态学规律；资源节约与环境友好的农业建立在生态经济原理之上，形成"整体、协调、循环、再生"的现代生态农业模式；因此，这样的土地利用和产业发展能够控制负外部性，与周边自然生态系统和谐共存，甚至为相关物种提供物质和空间，同时也可以实现社区可持续生计，符合保护兼容性理念。尽管两型农业以节约增效为导向，提倡依赖技术实现现代化集约经营，不完全追求有机化（无农药化肥等），但其在构建时重视通过调节农、林、牧、渔等子系统的构成来模拟自然生态系统或与自然生态系统联动，提出系统产出产品的绿色、生态与标准化判定等，符合自然保护地产业活动的保护兼容性要求。此外，环境友好的土地利用也不完全排斥传统技术的使用，同时提出使用者素质等人文环境与土地自然条件的协同，与保护兼容性内涵中重视传统生态知识、技术、制度和观念较为一致。生态友好的不一定保护兼容，如一些集约种植，保护兼容也不仅限于"生态"层面，如富有文化意义的手工业发展。

总之，较之上述三个概念，保护兼容性更强调从局地到景观尺度上公平对待社区发展权利，通过合理的资源和土地利用延续本土人地关系，同时无损于自然生态系统；较之资源利用效率及其工程技术手段的提升，它更强调土地的多元价值及其在保护管理下生态、文化和经济价值的实现。因此，保护兼容性理念及其评价实践能够为国家公园周边社区面向国家公园管理目标而改善生产方式、发展替代生计、进行生计策略调整提供支持。

3.1.2 保护兼容性快速评价体系构建

3.1.2.1 国家公园社区生计活动保护兼容性快速评价体系构建

国家公园社区的产业等生计活动的保护兼容性评价，是应用生态学原理和可持续生计理论，依据国家公园所在区域的传统生计，面向国家公园自然生态保护目标，通过选取一定的评价指标，将与产业等生计活动的保护兼容性有关的因素有机联系起来，针对国家公园内具体的传统产业的实践形式，对其保护兼容性及其程度进行定性或定量评价，以此来衡量该产业具体活动在实现国家公园保护目标时的协同性和保障社区生计发展的可持续性。

指标体系建立原则如下。

科学性原则：在理论指导下建立指标间的逻辑关系，符合自然保护地社区居民传统产业活动的保护兼容性的核心内涵和实现目标，并且能够反映具体国家公园周边社区传统产业活动的真实情况。

主导性原则：指标能够代表保护兼容性主要特征，具有一定的综合性。

实用性原则：指标能够被社区居民、自然保护地管理者、相关政府机构与其他直接或间接参与相关产业活动的人理解；作为快速评价指标体系，采用定性评价方式以便为大多数人群高效使用。

可比性原则：指标充分考虑潜在的不同产业及其具体实现方式在保护兼容性理念下的共性特征，使得指标能够在不同社会-生态系统中进行评价，使结果具有可比性。

国家公园社区产业与生计活动的保护兼容性评价指标与两型产业或土地利用评价指标的首要区别在于其全面反映人地关系历史与现状，耦合社会-生态系统，而不仅仅强调资源投入-产出、循环和环境承载力。

评价指标的准则层设定的逻辑框架借鉴文化生态学、社会-生态系统分析框架与可持续生计分析框架。文化生态学理论认为人类文化是适应自然环境的产物，在特定的自然环境中，人们为了生计而发展了生产技术、关键性工具，进行制度安排，形成了特定的行为模式，发展了独特的地域文化（杨文安，1993）。社会-生态系统分析框架（Social-ecological System Framework, SESF）是奥斯特罗姆提出的，针对生态系统与社会系统之间的多元互动和复杂结果，通过对自然资源管理的案例进行总结，提炼资源治理过程的诸多影响因素，从而形成一个嵌套的、相互作用的框架结构，其基本思路是在社会、经济与政治背景下，资源使用者与资源单位基于资源系统与治理系统产生互动，导致各种社会、经济与生态后果，并与外部生态系统发生关联（Ostrom，2009）。可持续生计分析（Sustainable Livelihoods Approach, SLA）框架被广泛用于解决发展中国家生计脆弱性及当地居民可持续生计问题。SLA逻辑框架指出，在制度和政策等因素造就的风险环境中，生计资本与政策和制度相互影响，作为生计核心的资本的性质和状况决定了所采用的生计策略类型，从而导致某种生计结果。预设保护目标相匹配以选择指标，并且需要保障社区生计发展（DFID，1999）。

因此，研究认为保护兼容性以文化特征为基础，它是社区人群与自然长期互动的产物，反映了传统生态知识的积累和演变，因其与自然环境的适应而被认为与保护目标兼容；保护兼容性以社会过程为保障，它确保适宜的资源管理知识、技术、制度得以运用，推动保护观念的形成和巩固，反映社区自组织和集体行动能力；保护兼容性以生态与经济影响来直接衡量，两者是知识、技术、制度、观念共同作用下的结果。研究据此提出产业等生计活动保护兼容性快速评价指标体系（图3-2），指标含义和评价标准列入表3-1。

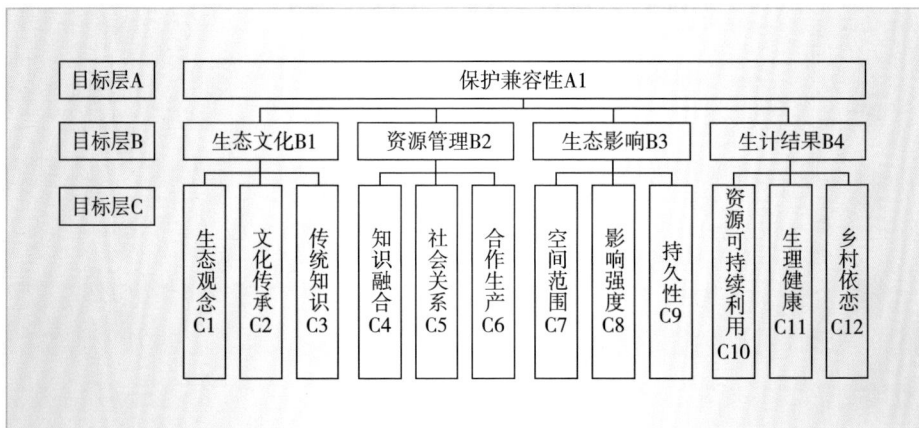

图3-2　国家公园社区产业等生计活动保护兼容性评价指标体系

第 3 章　国家公园传统产业转型理论基础与模式路径

表3-1　国家公园社区产业等生计活动保护兼容性评价标准

目标层	准则层	指标层	指标解释	很高（100分）	高（75分）	中（50分）	低（25分）
保护兼容性	生态文化（文化特征）	生态观念	生计活动过程受到宗教信仰影响	有，始终	有，经常	有，偶尔	无
		文化传承	生计活动塑造地域文化	是，延续千年	是，延续百年	是，近百年	否
		传统知识	生计活动沿用传统知识技术制度	是，完全沿用	是，部分沿用	是，略有沿用	否
	资源管理（社会过程）	知识融合	生计活动能够融合传统与现代生态知识进行生产组织和资源管理	能，始终	能，经常	能，偶尔	不能
		社会关系	生计活动有利于生产延续邻里关系，减小贫富不均	能，始终	能，经常	能，偶尔	不能
		合作生产	生计活动能促进生产自组织能力建设	能，始终	能，经常	能，偶尔	不能
		空间范围	生计活动对国家公园保护的生态系统的影响面积比例	局部（<5%）	零星（5%~15%）	广泛（15%~50%）	遍及（>50%）
	生态影响（生态后果）	影响强度	生计活动直接或间接对国家公园保护的生态系统的影响程度	轻（可能不易发现且影响轻微）	中（明显可见但尚不显著）	高（显著损害）	严重（导致水、土、生物直接或间接严重损害或消失）
		持久性	国家公园生态系统在生计活动直接或间接影响下的恢复力	短期（5年内可恢复）	中期（5~20年内可恢复）	长期（20~100年内可恢复）	永久（损害在自然或人工干预下百年内都不可恢复）
	生计结果（可持续生计后果）	资源可持续利用	自然资源是否能够可持续地带来可靠的经济收入	可持续	可能可持续	可能不可持续	不可持续
		生理健康	产业活动会带来突然或长期的病痛	否	可能否	可能是	是
		乡村依恋	生计活动能增强对社区和家乡的自豪、依恋感	能，始终	能，经常	能，偶尔	不能

3.1.2.2 国家公园社区产业保护兼容性快速评价方法

本研究以自然保护地社区的产业等生计活动保护兼容性评价为目标，依据生态文化、资源管理、生态影响和生计结果4个准则层引入12个评价指标。目标层、准则层和指标层三层评价指标共同构成三层次分析模型。采用层次分析法（The Analytic Hierarchy Process，AHP）和专家打分法相结合的方法对实地调研数据进行分析。通过建立层次结构分析模型，建立判断矩阵，计算各指标权重值及一致性检验等步骤，对模型的准则层及指标层进行归因研究。

（1）建立判断矩阵。根据专家对评价模型各个指标层重要性的打分，建立判断矩阵。对于 n 个元素而言，可以得到两两之间比较判断的矩阵：

$$A=(a_{ij})_{n \times n} \tag{3-1}$$

$$A = \begin{bmatrix} a_{11} & a_{12} & \cdots & a_{1n} \\ a_{21} & a_{22} & \cdots & a_{2n} \\ \vdots & \vdots & \vdots & \vdots \\ a_{n1} & a_{n2} & \cdots & a_{nn} \end{bmatrix} \tag{3-2}$$

判断矩阵采用1～9标度法。对于判断矩阵存在 $a_{ij}>0$，$a_{ij}=1$，$a_{ij}=\dfrac{1}{a_{ij}}$（i，$j=1$，2，$\cdots$，n）。

（2）计算各评价指标权重。通过计算判断矩阵的最大特征根和相应的特征向量，将特征向量归一化处理后形成本层次各指标的权重。对于判断矩阵的最大特征根和它所对应的特征向量，可以采用一般的线性代数方法进行计算，一般有和法、方根法、特征向量法，本研究采用和法。

（3）检验判断矩阵的一致性。层次分析法是人们的主观判断加以定量化的处理结果，因此，判断矩阵具有完全一致性的情况一般是不可能的，允许存在一定的误差范围。为了检验判断矩阵的可靠性，需要计算指标层数据的一致性指标。

CI 为判断矩阵的一致性指标，其表达式为：

$$CI = \frac{\lambda_{\max} - n}{n - 1} \tag{3-3}$$

CI 与阶数相同的平均随机一致性指标 RI 之比，称为随机一致性比率（CR），其表达式为：

$$CR = \frac{CI}{RI} \tag{3-4}$$

当 $CR \leqslant 0.1$ 时，可认为判断矩阵具有可靠的一致性，否则需要对判断矩阵再次进行调整。

（4）进行权重评价。本研究邀请了来自生态、管理、环境、资源、农业、文化等领域的19位熟悉和开展国家公园研究的专家对评价指标的重要性进行判断，对所列指标根据两两重要性程度进行逐层打分，构造判断矩阵。通过利用yaahp层次分析法辅助分析软件，求解各个判断矩阵的最大特征根和对应的归一化特征向量，并进行一致性检验。结果显示，问卷数据通过了一致性检验，判断矩阵具有可靠的一致性。最终得到自然保护地社区生计活动保护兼容性评价指标权重（表3-2）。

表3-2　国家公园社区产业与等生计活动保护兼容性评价指标权重

准则层	指标层	权重值
生态文化（0.2672）	生态观念	0.1170
	文化传承	0.0792
	传统知识	0.0680
资源管理（0.2704）	知识融合	0.0907
	社会关系	0.0871
	合作生产	0.0926
生态影响（0.2260）	空间范围	0.0753
	影响强度	0.0718
	持久性	0.0789
生计结果（0.2394）	资源可持续利用	0.1001
	生理健康	0.0796
	乡村依恋	0.0597

指标分级评分及计算标准。咨询相关领域专家的意见，在问卷中对12项评价指标进行分级量化，将每个指标层细化为四个等级，分别对应很高、高、中和低，赋予100、75、50和25分。分值越高，表示该产业和生计活动的保护兼容性越好；反之，分值越低，表示保护兼容性越差（表3-1）。

3.1.3　传统产业转型发展方向下的保护兼容性产业活动

依据保护兼容性所重视的自然保护的有效性、社区发展权利的公平性、本土人地关系的延续性，以及对资源多元价值及其经营理念转变下的价值实现，对标国家公园传统产业转型发展的产业生态化与产业多样化两个核心方向，研究初步提出国家公园可以考虑发展的具有保护兼容性的产业活动。

（1）传统产业经营理念转变（产业生态化）。主要是结合传统农林牧渔智慧与现代科学理论进行的生态农业，包括但不限于：

①注意种植品种和结构，进行合理套种、密植等的种植业；

②控制采集/砍伐时间和数量限制的林业和非林木采集业；

③控制放牧时间、空间和数量的畜牧业；

④养蜂、酿酒、食用菌养殖等产业。

（2）传统产业多元功能拓展（产业多样化）。主要是基于农业多部门的产业融合，涉及食、住、行、游、购、娱等具体的商品和服务的生产与供给，包括但不限于：

①环境教育导师、生态管护员/修复员；

②民宿经营；

③餐饮提供；

④娱乐提供；

⑤文创产品开发；

⑥小规模特色农副食品加工业；

⑦地域民族手工制作等。

3.2　国家公园传统产业发展理论模型

3.2.1　相关理论基础

3.2.1.1　生态系统服务功能

生态系统服务在 1981 年作为经济学和生态学交叉概念引入，强调人们在经济决策中应当重新审视自然资本价值（Ehrlich & Ehrlich, 1981）。Costanza 等将生态系统服务定义为"人类直接或间接获得的源自生态系统功能的好处"，并计算了不同生态系统的服务功能价值，推进了生态系统服务研究进入生态学主流研究（Costanza et al., 1997）。生态系统服务功能是生态系统服务与功能的综合，指生态系统与生态过程所形成和维持的人类赖以生存的自然环境条件与效用。比较著名的分类体系包括 Daily 和 Costanza 等分别在 1997 年提出的生态系统服务功能分类（Daily, 1997；Costanza et al., 1997）（表 3-3）。联合国千年生态系统评估计划极大地推动了生态系统服务研究和国际项目，并将这一概念提升到政策议程中（Gómez-Baggethun et al., 2010）。《千年生态系统评估报告》更为系统地从帮助管理的角度将生态系统服务归类为供给（如提供食物和水）、调节（如疾病调节）、文化（如休闲娱乐）和支持功能（如为其他服务的生产提供必要的服务），成为最为常用的生态系统服务分类方式（Leemans & De Groot, 2003）。

千年生态系统服务评价采用这一概念分析农业生态系统时，记录了农业对陆地和淡水使用的影响，以及农业景观在提供人类赖以生存的产品、支持野生动物物种生物多样性和维持生态系统服务方面的重要性，也同时说明了自然生态系统的生物多样性被认为能够支持农业系统内除粮食、纤维和燃料等农业系统供给服务外的其他生态系统产品和服务，包括养分循环利用、当地小气候调节、水文过程调节、有害生物防控以及有毒物质的分解（Altieri & Nicholls, 1999）。因此，农业与自然生态系统从生态系统服务角度而言始终存在关联，农业生产通过授粉、病虫害防治和养分循环等生态系统服务依赖于自然生物多样性，农业土地利用和生产实践对自然生物多样性既有有利影响，也有有害影响。对于农业产品的快速增长需求，使农业生产和依赖于此的乡村生计和健康的生态系统的一致共存引起了协调景观与政策行动的创新（图3-3）。

表3-3　生态系统服务功能分类体系（Costanza et al., 1997; Daily, 1997）

Daily 分类			Costanza 分类	
Ⅰ级分类	Ⅱ级分类	Ⅲ级分类	生态系统服务	生态系统功能
产品生产	食物	—	大气调节	大气化学成分调节
	药物	—		
	耐用材料	—	气候调节	全球或区域尺度温度、降水和其他生物介导气候过程的调节
	能源	—		
	耐用材料	—		
	工业产品	—	干扰调节	生态系统应对环境波动的容量、抗阻与完整性
	遗传资源	—	水文调节	水文流量调节
再生过程	循环与过滤过程	垃圾分解与解毒作用	水资源供给	水资源的储存与保持
		土壤肥力的产生与更新	控制水土流失与拦蓄泥沙	生态系统中土壤的保持
		水与空气的净化	土壤形成	成土过程
	运转过程	散播种子与恢复植被	营养循环	营养素的储存、内部循环、加工与获取
		谷物与自然植被的传粉	废物处理	营养素的回收、去除或分解
稳定过程	海岸与河道的稳定性	—	传粉	花配子的运动
	不同条件下的物种补偿	—	生物控制	种群营养的动态规律
	对大多数潜在的农业害虫的控制	—	避难所	为居留与流动种群提供栖息地
	对极端天气的调节	—	食物生产	食物的初级生产总值
	局域气候的稳定	—	原材料	原材料的初级生产总值
	水文循环调节	—	遗传资源	独特生物材料与产品来源
生命充盈功能	审美	—	游憩	为游憩活动提供机遇
	对文化、智慧与精神的启发	—	文化	为非商业用途提供机遇
	存在价值	—		
	科学探索	—		
	平静	—		

图3-3　生态系统视角的农业系统，蓝色与红色表征有机要素对作物的正面和负面影响（绘者：Heather Griffith, UF/IFAS Communications，引自https://trec-agroecology.github.io/introducing-agroecology/materials/agroecosystems-concept/）

　　农业生态系统本身的生物多样性也很丰富，包括了农作物和牲畜及其野生近亲，以及传粉者、共生体、害虫、寄生虫、捕食者和竞争者的所有相互作用的物种（Qualset et al.,1995）。联合国《生物多样性公约》中对农业生物多样性的定义也同时体现了传统产业与自然的密切依赖关系。农业生物多样性分为不同层级，首先是驯养作物、动物、鱼类和树木的遗传多样性；其次是农业生产所依赖的野生物种的多样性，如野生传粉者、土壤微生物和捕食者、农业害虫；最后是以农业景观为栖息地的野生物种和生态群落的多样性（CBD, 2002）。农业生态系统的生物多样性类型和丰度因系统年限、区域物种多样性、系统结构和管理的不同而不同（Altieri & Nicholls, 1999），一般取决于农业生态系统的四个主要特征（Southwood & Way, 1970）：一是农业生态系统内及其周围植被的多样性；二是农业生态系统内各种作物的持久性；三是管理强度；四是农业生态系统与自然植被的隔离程度。与高度简化的、依赖外部投入驱动的和受干扰的系统相比，结构更为多样化、相对持续时间较长和低强度管理的农业生态系统从与生物多样性相关的生态过程中受益更多（Altieri, 2004）。因此，国家公园社区传统产业可以具有很高的生物多样性，并在与自然生态系统的互动中创造丰富的生态系统服务。

3.2.1.2 农业多功能性

农业多功能性是指农业除了提供食品、纤维等商品产出的经济功能外，还具有与农村环境、农业景观、生物多样性、农村社会发展、食品安全、农业文化遗产以及动物保护等非商品产出相关的环境和社会功能。早在1988年，欧洲共同农业政策就提出对旅游业和手工业的投资倡导。20世纪80年代末和90年代初，日本在"稻米文化"的保护性文件中提出了水稻种植的文化等功能，成为最早出现农业多功能性的文件之一（谢小蓉，2011）。1992年，欧盟共同农业政策将农业生产的"多功能"观点作为核心理念和第二支柱，联合国环境与发展大会当年通过的《21世纪议程》正式采用了农业多功能性提法，成为可持续发展理念的组成部分。1993年，欧洲农业法律委员会首次正式使用"多功能农业"（Multifunctional Agriculture, MFA）。1996年世界粮食首脑会议通过的《罗马宣言和行动计划》中明确提出将考虑农业的多功能特点，促进农业和乡村可持续发展。1999年9月联合国粮食及农业组织（FAO）和荷兰政府在马斯特里赫特专门召开了100多个国家参加的国际农业和土地多功能性会议，农业多功能性这一概念正式确立。同年，日本《食物·农业·农村基本法》中正式确立了农业多功能性概念。

农业多功能性来源于土地资源的多效用性，并由土地资源边际效用所决定的土地资源价值的大小来衡量。农业或土地资源对人类的效用包括经济效用、生态效用、社会效用和文化效用等（图3-4）。人类对土地效用需求的多元化决定了土地价值的多元化，因而土地资源总价值不仅包括经济

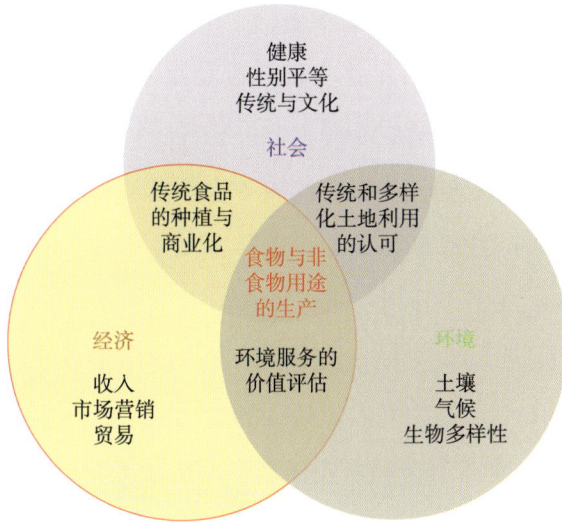

图3-4　多功能农业的特征（引自Leakey, 2017）

价值，还包括生态价值、社会价值和文化价值等。土地资源的经济价值是指土地用于农业生产时所具有的农产品的价值；生态价值是指土地及其上面生物构成的生态系统所具有的调节气候、净化环境、维持生物多样性等方面的价值；社会价值是指经济价值和生态价值等转化为社会功能的间接价值，以及人们考虑到土地利用一定程度的不可逆性及未来对土地需求的不确定性而愿意支付的价值，主要包括保障粮食安全、维护社会和政治稳定、提供就业和收入保障（代内公平）、推动人类可持续发展（代际公平）等方面的价值；文化价值是指土地本身构成的自然和人文综合景观带给人们的休闲、审美和教育的价值，以及维护原有乡村生活形态，保留农村文化多样性遗产，承传传统历史文化的价值。

3.2.1.3　概念整合与生态农业景观的提出

农业多功能性和生态系统服务概念的提出背景都与20世纪70年代后常规农业带来的环境质量影响和乡村活力有关，是可持续发展策略的基础，成为可持续农业研究与政策制定的两个重要概念（Huang et al., 2015）。

两者的意识形态起点都在"功能"上，只是前者更为强调土地系统本身。它们在识别农业在食品和纤维生产以外的好处和影响的起源上较为类似，但发展方向不同。前者主要在横向上丰富了农业功能，将食品安全、环境保护、乡村活力都囊括，并主要针对农业如何将上述功能同时实现。后者则从纵向的生态功能到生态服务，并将经济评价和激励率先纳入管理策略。在理论发展过程中，生态系统服务也逐渐从将农业扩张视为对自然生态系统有负面影响发展到将农业也看作多元生态服务的供给者与消费载体（Swinton et al., 2007; Zhang et al., 2007）。

从产品供给分析的角度看，农业多功能性倾向于以农场为中心，所产生的产品和服务供给被认为是农业活动的直接结果；而生态系统服务倾向于以服务为中心，被视为受到农业活动影响，农业活动是一种外来因素，形塑、改进或减少整个农业生态系统（agroecosystem）对生态系统服务的供给能力。在所关注的问题中，农业多功能性虽然可以用于解释工业化养殖的功能，但得到更多关注的是与自然生态系统紧密关联的功能，如生物多样性、土地肥力和景观质量保持等功能。更为常见的功能也因此包括农场的环境贡献，如生物多样性和气候调节，乡村凝聚力和活力、粮食安全和食品安全，以及动物福利（OECD, 2001; Simoncini, 2009）。相比之下，减贫、粮食安全等农业多功能性的命题并不是生态系统服务，而是其下游的人类福祉命题。

这两种不同的分析思路使得其研究的聚焦点有所不同。农业多功能性研究在农场水平上使用联合生产模型寻求包括产品产量和环境产出（如生物多样性）同时最大化或者负面产出（如污染）最小化的策略（Wossink et al., 2001; Buysse et al., 2007）。在国家和国际水平上，农业多功能性研究集中在指出农业部门和环境部门的关系上（OECD, 2001; Wilson, 2009）。生态系统服务以服务为中心的方法则不依赖于农业资源利用的范畴，而是依赖于需要提供生态系统服务的生态系统与制度规模。因此，像传粉、生物虫害防治等都是后者研究的热点，但是农业多功能性研究很少考虑将其作为投入要素进行分析，因为它们超越了农业用地本身的范畴，因此它更为重视土地、劳动力、资本和原始物资等投入要素。

不过，两种思路的相似之处在于都以人类为中心，只不过农场水平的农业多功能思路不考虑受益人，认为产业目的就是服务社区需求和权利，更关心生产系统本身和生产过程；而生态系统服务为中心的研究需要界定受益人，才能从生态结构和过程通过人类使用而发挥服务效用。研究认为，农业多功能性的管理策略因其产业和生计发展聚焦性更有利于农民从私利角度做出决策，有利于其多功能性的正效益外溢，而生态系统服务管理角度的生态补偿或生态服务付费则更有利于直接解决公共服务问题。因此，联合两种策略有利于整合生态系统与社会经济系统，为公共产品供给提供更好的激励手段。在这一目的下也出现了两种概念的整合，一是出现了多功能农业谱系（Wilson, 2001, 2008; Holmes, 2006）和生态系统服务束（Raudsepp-Hearne et al., 2010）的整合。前者是在农场水平上对不同的农业模式进行从弱到强的多功能性分类，后者是描述景观尺度上因特定的土地利用模式而重复成组出现的一组生态服务。特殊的农业土地占有模式和生态系统服务功能的结合是对前者的时间进程与后者的空间格局的整合。二是出现了土地分离与土地共享框架（Land Sharing Land Sparing, LSLS）。土地分离是指划分部分土地不予耕作而专用于生态系统保育和自然保护，同时采用高效集约方式提高剩余土地单产。土地共享则是对土地进行综合利用，以较低生产率在农业生产的同时实现生物多样性保护（Green et al., 2005）。结合农业多功能性和生态系统服务来设计LSLS策略是对原有的粮食生产与生物多样性保护二元权衡的拓展，并将农业多功能性从农场尺度上升到景观尺度上的农业用地的联通和镶嵌。生态系统服务研究在景观尺度上更有优势，其研究尺度是由生态系统服务级联的空间特征决定的，而农业多功能性研究则在结合经济、社会和环境维度上进行农场水平的优化分析具有优势。

从本项目研究目的出发，在自然保护地景观尺度上对生态系统服务和农业多功能性进行整合也十分有意义。首先，从产业发展看，能够重视农民作为重要的决策单元；其次，从自然保护地管理的公平性看，能够从社区以农业产业为主考虑的人类中心的要素投入和私利满足扩展到生态服务包含的以自然生态功能为本底的公共利益；再次，有利于深入理解人类活动对于自然生态系统的后果；最后，有利于从人地互动的社会–生态系统来进行自然保护地管理。

事实上，结合产业发展趋势和生态系统服务的景观尺度特征，也出现了生态农业和景观生态学的融合来协同农业生产和生物多样性保护（McGranahan, 2014）。继20世纪60年代和70年代环境运动之后，90年代出现的生态农业作为"将生态学概念和原则用于可持续的粮食系统的设计和管理"的科学，已经发展到包括富含乡村复兴的广泛的社会运动（McGranahan，2014），它与在20世纪80年代到90年代产生的，作为研究空间格局和生态过程的景观生态学结合，跨越田间和生产的人类主导的基质而发展到更大的自然发挥作用的尺度，产生了生态农业景观概念（eco-agriculture landscape）。

生态农业景观是将农业、保护和乡村生计在景观或生态系统背景下进行整合。生态农业景观是由自然/本土生境和农业生产用地共同构成的景观镶嵌体（Scherr & McNeely, 2008）。有效的生态农业系统依赖于生态、经济和社区之间的协同最大化和冲突最小化。其中"景观"是由土地功能定义的，是指一组共同工作的利益相关方需要的或者实际管理的不同空间单元，这些空间单元用以实现生物多样性、生产和生计目标。

生态农业景观包括不同类型的土地利用镶嵌体：自然区域，生境质量高，生态位充足，能够提供生境或生态系统服务的关键要素，这些要素在生产性用地中无法提供；同时，自然区域通过与生产的协同或者提供其他的生计效益也有利于农业生计。农业生产区域，具有生产性、营利性，能用于满足粮食安全以及市场和生计需求；同时，也通过配置和管理为野生生物多样性和生态系统服务提供具有良性或正面的生态质量的基质。

生态农业景观管理就是通过农业用地和非农业用地的相互协调、促进，在景观、农田和群落的尺度上获取农业生产、自然保护和人类生活之间的平衡（图3-5）。在生态农业景观中，农业生产不仅注重农业产量的提高，还强调通过合理的作物空间配置和农业管理，为生物多样性提供良好的生态环境质量并促进其生态系统服务的维持；同时，生态农业景观在各个尺度上，注重景观设计和生态基础设施的建设和应用，通过合理设计景观要素的组成和配置，保障农业生产所需的生态系统服务或补偿由集约化农业生产所带来的生态环境负效应，从而使农业生产和自然保护之间的生态、经济及社会的协同效应最大化，使其间的相互冲突最小化。

图3-5　农业及其周边生物多样性的四大相互关联支柱：优化功能性农业生物多样性（支柱1），以景观多样性（支柱2）和生物多样性走廊及源区（支柱4）为支撑，可采取维护特定物种的措施（支柱3）（引自Erisman et al., 2016）

这一概念也强调依赖于农业的乡村社区是生物多样性和生态系统服务的关键，甚至是主要的负责任的管理者（stewards）。尽管自然保护地在农业生态景观中对确保生物的关键栖息地，维持水资源和提供文化资源是必须的，但这些资源可以由当地社区和农民拥有或者管理。因此，从系统要素关系的角度看，研究者提出生态农业景观所需的六个基本资源管理策略，三项侧重生物多样性管理的策略目标为在生产区域要可持续地增加产出，减少成本，增强生物栖息地质量和生态系统服务。具体而言，包括要做到农业废物和污染最小化；以保存水分、土壤和野生动植物的方式管理资源；以农林草结合来模仿自然生境的生态系统结构和功能。三项侧重景观保护的策略目标为在自然生境，社区农户与其他保护管理者需要以惠及邻近社区和农户的方式保护和扩大自然区域。具体而言，要做到不在自然区域内新开垦或复垦；保护和扩大具有高质量栖息地的大型斑块；发展有效的生态网络和廊道。

不过，这一理念自诞生以来，在实践中还存在问题和改进空间。首先，尽管生态农业的发展迅速，生态原理推广和资源循环技术应用取得了广泛成效，但对生物多样性结构和功能的原理不够明确，农田生物多样性的尺度效应不清楚。其次，虽然采取了促进生产和保护自然生态的协同措施，但缺乏对社区生计、生物多样性和农业产出的景观尺度的监测。最后，生态农业本身的推广存在一定的体制问题，在实施层面，缺乏社区基层组织参与产业发展和保护规划；在政策层面，缺乏农业发展与自然保护政策的兼容和协作等。

在实践中人们重视对生态农业景观经济可行性的发挥，希望农户能够同时基于经济和社会理性来支持保护，开展生产，因此实施了多种政策和保障体系。在保障生产销售方面，包括以投资来支持研究和管理，使得农民能够减小成本或提高收益，推动社区在地区尺度上进行合作组织改进市场联系、减少营销成本并与买家直接对接，为农户提供技术和知识来保障产品质量、管理销售合同，进入金融和信贷市场等来推进产业链向收获后端延伸，发展贸易、储存、运输、散装、分级等技术来降低营销风险和成本。在促进产业生态化方面，发展奖励生态负责任的生产系统的市场（第三方认证），奖励提供生态服务的农民和农场（包括多种形式的补偿，如接近物种或栖息地的付费项目等研究许可，野生动物渔猎或采集许可），指导开展生态旅游，构建支持生物多样性保护商业行为如绿色产品生态标签体系。在平衡土地利用与生态保护方面，构建多样性保护管理付费体系，如保护地役权、土地租约、协议保护或管理合同，总量管制和交易规则下的交易权如湿地债券、可交易发展权和生物多样性补偿（offset）等。

3.2.1.4　产业融合理论

产业融合是产业演进和发展中的常见经济现象，对这一现象的关注始于 20 世纪 70 年代末因数字技术出现而产生的对"电脑和通信"融合图景的描绘，1978 年麻省理工学院的尼葛洛庞帝（Negroponte）对计算、印刷和广播业三者间技术融合进行模型化描述，并认为其交叉处是增长最快、创新最多的领域，并在 20 世纪 90 年代以数字融合为基础，将信息通信业的"产业融合"定义为"为了适应产业增长而发生的产业边界的收缩或消失"（Stewart, 1987）。考虑到产业融合现象并不局限于此，产业融合更为准确和完整的涵义可以表述为：由于技术进步和放松管制，发生在产业边界和交叉处的技术融合，改变了原有产业产品的特征和市场需求，导致产业的企业之间竞争合作关系发生改变，从而导致产业界限模糊化甚至重划产业界限（马健，2002）。总体而言，产业是由提供类似的产品或服务，在相同或者相关价值链上活动的生产经营者组成。融合是将一个或多个元素聚合，将不同事物融为一体的过程。

产业融合从现象描述到理论形成首先表现在对产业融合类型的研究上（张功让和陈敏妹，2011；薛金霞和曹冲，2019）。产业融合分类方式多样。按产业性质分类，有替代性与互补性融合；按产业融合过程分类，有功能性融合和机构性融合；从参与融合的技术的新颖性分类有应用融合、横向融合、潜在融合。也有研究认为技术视角、产品视角下均存在替代融合和互补融合，市场视角下存在需求和供给方的功能融合，制度视角下存在微观层次的标准融合与宏观层次的制度融合，从产业角度看，包括产业间融合方式上的渗透、延伸和重组融合，产业间融合程度的完全融合、部分融合和虚假融合。

产业融合的驱动力主要是技术创新和管制放松（马健，2002）。技术创新或技术融合能够改变传统产业的边界，是产业融合产生的主要动力，但并不确保产业融合发生，而必须在技术融合基础上，对原有技术生产路线、业务流程、管理及其组织进行全面协调和整合，以实现资源共享，改善成本结构，增强核心技术和提高业务能力等，以市场需求为导向，达到产品与业务融合。最终，由技术与业务融合来形成产品差别，取得竞争优势，满足市场需求并通过改变消费内容和工作方式来创造新的需求，实现市场融合。因此，技术创新是产业融合内在动力。产业管制的放松让原本的自然垄断产业可以凭借自身技术和经营优势相互介入，在不断被激化的产业竞争中走向产业融合。因此，政府管制的放松是产业融合的外在动力。同时，内外动力存在互动，经济管制的放松为产业融合创造了制度环境；技术融合和产业融合的内在要求促使管制理论和政策不断改善，以适应变化了的技术和经济条件。

产业融合容易发生在高技术产业内部与高技术和传统产业之间，在微观方面可以提高一个企业的效率，宏观上可以改变一个行业甚至一个国家的产业结构和经济增长方式（薛金霞和曹冲，2019）。首先，进行了产业融合的产业能够提高产业的价值创造功能已经成为共识；其次，产业融合成为传统产业创新的重要方式和手段；最后，产业融合有利于产业结构转换和升级，提高国家产业竞争力。

因此，产业融合既是一个系统性概念，也是一个过程性概念。在产业融合过程中，技术融合是基础，生产经营机构融合是主体，产品融合是客体，制度融合为产业融合的顺利进行提供了保障，市场融合是最终表现。产业融合是内生与外在动力共同作用的结果。技术创新是内生动力，管制放松、企业管理创新等是外在动力，两者共同推进产业融合的萌芽、发展、成熟的演化过程。产业融合有利于促进产业创新，推进产业转型升级，有利于提高产业链条的增值空间，优化产业结构，改善市场结构、经营主体结构和绩效。

值得注意的是，产业融合已经从所谓"传统产业"，即一般意义上的制造业，延伸到服务业、金融业等领域。其中，现代农业发展在全球表现出鲜明的产业融合趋势。20世纪的生物和信息技术为代表的科技革命引发了农业科技革命，推动农业由工业化为特征的常规农业向现代农业发展。

农业与生物产业、信息产业间进行技术共享，形成横向产业关联；农业商品化、市场化发展推进农工贸一体化纵向产业关联。产业融合使得农业与非农业产业界限日益模糊，现代农业显示出资源节约、环境友好、生态保护的绿色农业态势，生物农业、数字农业、生态农业、旅游农业等新兴业态方兴未艾。我国现代农业发展面向世界农业发展趋势，立足解决国家发展现实问题，在建设"资源节约型、环境友好型"社会中，提出构建循环经济，要求产业依据自然生态有机循环原理，构建不同产业之间的有机联系，从而达到废弃物循环利用，减少环境破坏，提高资源利用率的生态经济模式。农业作为与自然生态系统联系最为紧密的产业部门，利用现代科技成果、组织模式和管理经验来推进农业与非农产业融合，实现农业的高产、优质、高效、生态，就成为农业产业融合的必然趋势。

在我国，农业产业融合的突出动因是市场经济的开放环境。随着市场化改革与市场经济体制的确立，中国的产业环境也逐步从分立、封闭演变到开放、融合。在经济体制变迁下，中国现代农业发展走上了市场化道路（梁伟军，2010），一方面表现为在改革开放后农业产业发展的产前、产中、产后各环节在市场体系建设中形成生产、加工、销售、服务有机联系的相对完整的农业产业链；另一方面表现为进入21世纪以来三产融合加快，农业与旅游业、信息技术产业等协同发展形成农业新业态。总体上，农业产业融合发展路径表现为农业产业化为特征的纵向产业融合与多功能农业为特征的横向产业融合。针对农业产业链结构，产业融合的目的是让资源在产业链上高效配给以实现更多的价值增值。这种价值增值，在纵向产业融合上，是以市场为导向，以加工企业或合作经济组织为依托，以广大农户为基础，以社会化服务为手段，实现产前、产中、产后联结的种养加、产供销、农工商一体化经营，引导分散农户形成规模化生产。在这一产业链整合与延伸中，以产品为核心，工业、服务业及其产业化成果在农业的应用予以农业产业链上各环节增值机会和空间。在横向产业融合上，是以农业多功能为基础，以高新技术产业、服务业的技术成果、经营理念与业务向农业经营管理渗透，发挥农业在生产之外的其他功能。在这一产业链拓宽与丰富中，以经营为基础，给予农产品生产外的增值机会和空间。

从产业融合的系统性和过程性看，农业与非农产业间同样存在以技术、产品和市场融合为主的客体融合以及农户、企业与非农产业经营者之间的主体融合。技术融合主要是现代工业、服务业技术（如区域规划技术）和高新技术向农业渗透，在纵向融合中以技术外溢提升产品产量、质量，或增加加工、流通附加值，在横向融合中以技术应用发挥农业产品生产、观光休闲、文化教育、文明传承等多重功能，实现产业优势互补与协同发展。技术融合的结果是不同产业共享技术成果。技术融合导致的农业产品生产与业务经营的变化需要对农业生产路线、业务流程、组织联系和管理方式进行协调和重组，在技术资源共享中形成融合型新产品。新产品可以是品质提升或出现新功能，与原有产品形成替代性竞争关系，进一步造成完全融合或部分融合。技术和产品融合的终点是市场融合，以新产品创造新的市场需求，在产品差异化基础上以引导、改变和迎合人们的消费观念、方式和习惯来实现新市场的开发。制度融合是产业融合的保障，在主体融合过程中，有效的制度能够推动农户、企业与非农经营主体将产业间市场交易成本内化，提高资源配置效率。

研究表明，我国现代农业产业融合已经产生了一定的效应。一是促进农业产业创新。通过主体、客体融合形成兼有至少两种以上产业属性的新业态，如纵向融合上，工农融合形成农产品加工业，农业与服务业融合形成现代农业服务体系；横向融合上，农业与旅游业融合形成旅游农业，农业与生物技术产业融合形成生物农业。二是优化农业结构。通过资源在涉农产业间优化配置而促进农业结构合理化，在融合中延长和加宽产业链，实现技术、市场等资源在产业间共享，形成现代农业产业系统。三是改善农村社区生态环境。现代农业产业融合的循环经济理念和生态技术应用满足了消费者对粮食安全和食品安全的需求，也改变常规农业高投入、高污染、生态退化的面貌。四是提高农民收入和能力。农业产业融合有效提升产业附加值、拓宽农民收入来源渠道，促进分散农户自组织进入社会化再分工，拓宽农业生产经营眼界，提高社区生态环境意识。

3.2.1.5　理论研究小结

随着农业多功能与生态系统服务功能理论的融合与实践指导，协同自然保护、社区产业和乡村发展在农业生态景观中聚焦于解决田间和农场尺度的产业生态化和社区参与保护，是产业活动的保护兼容性在景观尺度的体现。这一理念也给予国家公园传统产业转型四个重要启示：一是需要从技术上解决田间和农场尺度的农林牧业的生态化；二是需要从管理上解决景观尺度的生态系统服务协同；三是从激励机制上促进农民和其他利益相关者以此理念行动；四是要有策略来动员社区、机构和政府来发展相应制度和推进政策制定。

此外，产业融合理论能够用于解释我国现代农业发展趋势，其纵向与横向融合中所蕴含的产业生态化特征和功能多样化特征也比较契合以国家公园为主体的自然保护地社区传统产业发展必须考量的生态保护目标。

3.2.2　国家公园传统产业转型发展理论模型

通过分析生态系统服务概念和以此为基础的农业多功能性、生态农业景观，以及产业融合发展理论，研究提出面向国家公园管理目标的传统产业转型发展理论模型（图3-6），体现农业生态系统与自然生态系统的协同发展，物质供给和文化服务的经济价值转化，以及社区居民作为自然生态系统保护者与半自然生态系统管理者的权利与义务。

在模型中，研究将国家公园简化为以自然生态系统为主体，社区生产与生活空间点缀其中的社会-生态系统，自然生态系统（及其受到人类干扰的部分）与社区管理的生态系统具有边界交融，物质、能量相互流动的关系，在景观尺度下可被视为不同斑块。在这一传统产业转型发展模型中，社区与自然生态系统紧密相连，模型中的生态系统服务供需关系解释如下。

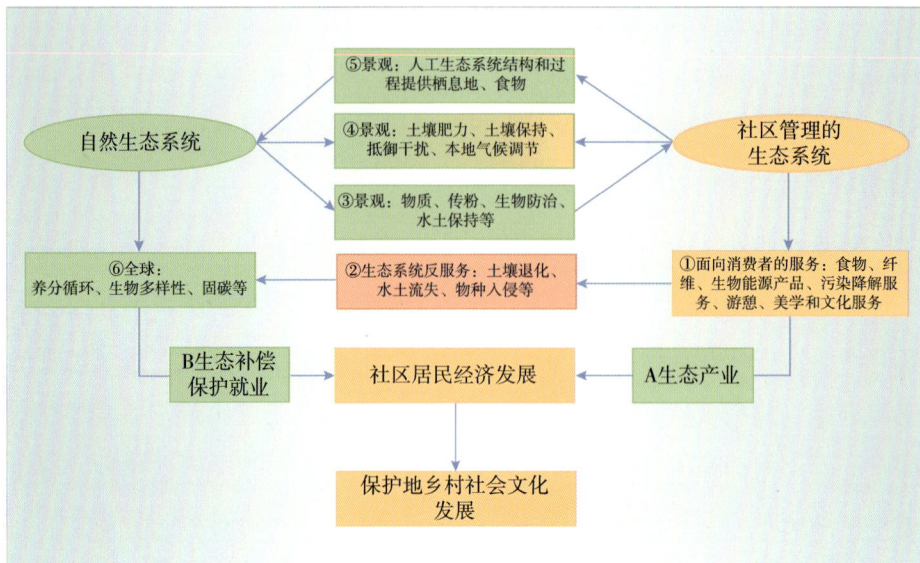

图3-6 自然/半自然生态－乡村发展相融合的国家公园传统产业转型发展模型

社区管理的（半自然）生态系统提供自给或面向消费者的生态系统产品和服务，包括食品、纤维、生物能源产品、污染物降解服务、游憩、美学和文化服务。这些服务既能够为社区农户所得，也面向国家公园内的访客，能够通过物流和信息网络服务于本土乃至全球市场，社区农户既是供给者也可以是受益者（图3-6①）。社区所管理的生态系统也存在生态系统反服务，即生态系统伤害，包括化学制剂使用造成的水土污染、不当水土管理造成的水道淤塞、生物资源过度利用等生态干扰等（图3-6②）。针对上述服务与反服务，需要生态产业的发展来激励社区农户的生产模式生态化与服务多样化（图3-6A）。

来自自然生态系统的生态系统供给与调节服务，包括生物和水资源，生物防治、传粉、水土保持等（图3-6③）。社区居民及其管理的生态系统受益于这些自然生态系统服务，其服务受益者主要集中在景观和局地尺度，如通过森林鸟类捕食林下茶树害虫进行生物防治。

自然与半自然生态系统内相互流动的调节服务，包括土壤肥力、土壤保持、抵御干扰、局地气候调节等（图3-6④）。这些对于维持国家公园景观尺度的整体健康具有重要作用。

社区管理的半自然生态系统结构和过程为自然生态系统提供的生态服务，包括景观尺度的物种栖息地和食物供给（图3-6⑤）。景观多样化被认为有利于生物多样性，草地生态系统本身是这种关系的典范。

自然生态系统的多尺度的支持服务（图3-6⑥）。主要包括土壤形成、养分循环、碳固定等，是所有其他自然生态系统服务的基础，也是半自然生态系统立足的根本，其受益人可以达到全球尺度。半自然生态系统的不当管理对支持服务造成的影响将造成国家公园生态系统完整性的重大损伤，鉴于其形成的长期性，其恢复力较弱。从国家公园生态保护目标出发形成的社区行为与发展的激励机制，主要以生态补偿进行，也包括社区直接参与自然生态系统保护管理（图3-6B）。

因此，模型将人地关系统一，提出国家公园在管理中需要通过开展生态产业，生态补偿与拓宽社区在国家公园管理中的就业面，推动社区传统产业转型，提高社区居民经济收入，并在传统产业转型发展中全面促进国家公园乡村社区社会文化发展。

研究进一步对国家公园社区产业发展机理模型中的生态产业（图3-6A）进行展开，提出国家公园传统产业转型发展目标实现路径和价值提升机理（图3-7）。在经营理念转变上推动产业内生态化和产业链生态化，在产业功能拓展中从自然与半自然生态系统的丰富要素及其关联性出发，横向融合加工制造、手工、文教、交通物流、餐饮零售等二、三产业，再加上产业链延伸带来的产业纵向融合，全面实现国家公园传统产业转型发展，从而突显国家公园品牌效应，强化以科学标准体现的生态稀缺性和文化独特性，在价值提升方面促进多元附加值实现，在生计发展方面增加谋生方式和手段，最终全面推动国家公园社区社会经济文化与生态保护协同发展。

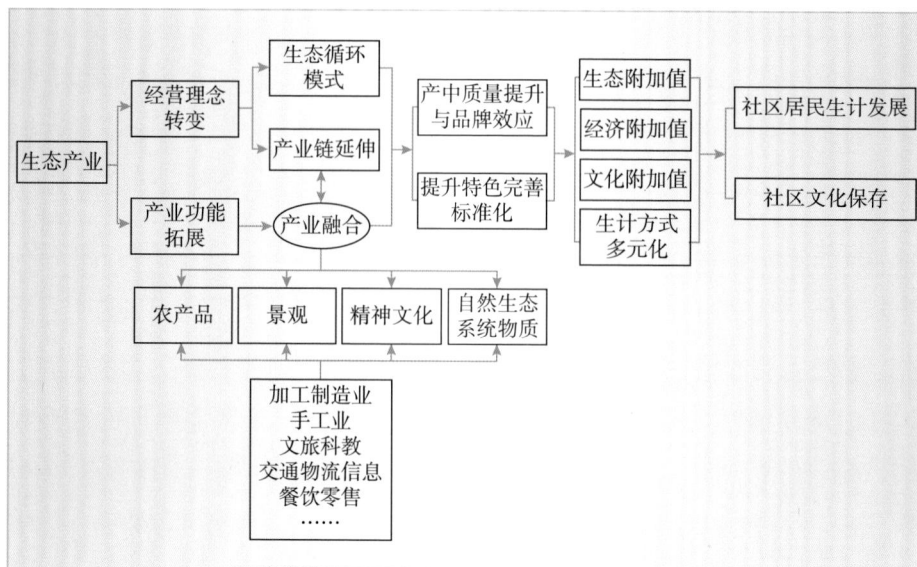

图3-7　国家公园传统产业转型发展目标实现路径和价值提升机理

第4章

自然保护地传统产业转型经验

中国自 1956 年建立第一个自然保护区以来，经过近 70 年的发展，自然保护地经历了从无到有、从小范围到大面积、从单一类型到多种类型、从保护地到区域生态安全屏障构建的巨大变化。在不断完善生态保护的同时，保护地建设也愈加重视协同区域经济发展和尊重社区发展权利，特别是将生态保护与减贫脱困同时开展。随着以国家公园为主体的自然保护地体系建设不断深入，自然保护地的整合、优化与调整持续带来自然保护地及其毗邻社区的关系重置。国家公园规划与建立一方面会继承既有自然保护地 – 社区关系，另一方面会因其空间规模与管理规范带来公园 – 社区的新互动。本章将从历史视角出发剖析以自然保护区这一保护地类型为代表的保护地传统产业转型发展的特征，系统总结其内在逻辑，形成内容、激励机制、政策保障、结果、成败分析、发展对策等方面内容。立足当前国家公园管理体制建设的机遇分析国家公园传统产业转型发展应如何继承既往优良经验，把握新的机遇。在综述研究基础上，本章深入到祁连山国家公园体制试点区和武夷山国家公园两个典型区域，系统梳理其所在区域国家公园建设之前的传统畜牧业和茶产业转型的历史经验，剖析其在转型方向和路径选择方面取得的成效与存在的问题，总结相关对策并提出对国家公园管理下传统产业转型的启示。

4.1 中国自然保护地传统产业转型分析

4.1.1 自然保护地传统产业转型发展分析

4.1.1.1 传统产业转型发展动因与形式

从自然保护地发展历程看，我国自然保护地传统产业转型发展需求主要有两个推动因素，其一是在生态工程与生态建设政策驱动下的自然保护区为主的自然保护地社区居民的生计可持续发展；其二是在减贫脱困政策驱动下的自然保护地社区居民的生计公平。相对而言，前者所涉及的传统产业活动一般与自然保护目标相背离，但社区依托传统产业发展不一定存在现实的贫困，或生态系统在长期的人为胁迫下存在崩溃风险而导致未来的贫困风险；后者所涉及的传统产业活动则可能并不与自然保护目标相背离，但依托传统产业发展可能会导致持续的贫困，从而引发对自然资源的无序利用，最终导致生态系统崩溃。

在这两类因素推动下，自然保护地周边社区产业发展从社区生计角度看，主要是生态移民转产与就地生计发展两种形式。其中，生态移民转产以草原地区为典型，如三江源自然保护区核心区禁牧移民工程，它规定草场家庭承包政策长期不变，但暂停牧民承包草场的使用权，牧民迁出承包草场并在城镇定居，其产业转型主要为从事种植业、养殖业、畜牧业、低级服务业等（刘红，2013；李惠梅等，2013，2014）。

就地生计发展因自然保护地自然资源禀赋、民族文化特征、宏观产业政策等差异性而呈现出多样化的产业转型特征，从生计策略角度看主要呈现三种类型，一是传统产业持续生态化，从种养殖结构、规模、投入–产出–废物处理流程等方面将产业活动控制在生态环境承载力范围之内，如精细循环农业、复合农林系统、生态林业和经济林结构调整、以减畜和生态建设为主导的生态牧业、中药材与茶叶等经济作物生态化基地等（赵晓东，1999；傅晓莉，2006；李金明，2008；王昌海等，2010；谭静等，2011；刘红，2013；邓维杰，2014；赵雪峰，2014；廖凌云等，2017；朱红根和康兰媛，2017；张建军，2019）；二是传统产业的部分替代化，以传统农林牧渔的生态化为基础，参与手工业、旅游餐饮、旅游服务、生态管护、精深加工等其他产业活动，增强生计多样化（沈孝辉，2004；李文军和马雪蓉，2009；王昌海等，2010；李惠梅等，2013；刘红，2013；赵雪峰，2014；马洪波，2017；廖凌云等，2017；朱红根和康兰媛，2017；张建军，2019）；三是传统产业的完全替代化，一般表现为对原有传统产业活动的放弃而全面投入上述其他产业活动（杨明等，2010；刘红，2013；李惠梅等，2013，2014；宋文飞等，2015；王丹和黄季焜，2018）。

研究表明，由于农户间存在生计资本差异，因此在同一自然保护地的区域内，既存在农户对传统产业转型方式的差异化选择，也存在统一的产业转型后农户的不同的生计后果。为了促进自然保护地社区发展与生态保护相协同，政府会出台一些政策来推动社区进行产业转型，形成具体的激励和保障机制。在政策支持方面，主要是出台就业倾斜、税费减免、优惠金融信贷等产业政策，利益补偿、社会保障等福利政策；在激励机制方面，主要有生态补奖、生态管护补贴等物质激励，荣誉证书等非物质激励；在保障机制方面，主要有生产资料补贴、日常生活补偿、社会保障经费等货币保障，环境与市场意识教育、技术培训等能力提升保障，基础设施、公共服务设施资金支持和建设等社会福利保障，农村社会服务与生产组织建设、市场信息和营销渠道拓展、提供社区发展基金等市场参与保障。

4.1.1.2 传统产业转型发展的结果与问题

在上述多元政策机制运作下，面向保护目标，我国自然保护地社区传统产业转型结果因地而异，复杂多样。基于多个学者在数个案例地的深入研究进行总结，本研究识别出自然保护地社区传统产业转型中能够产生的正面结果主要有三个方面：一是在配套产业转型的宣教下社区居民的生态保护意识、文化传承意识与自然资源管理的自觉性得到强化，提高了社区参与发展事务的意识，特别是提升了弱势群体的话语权；二是建立了社区管理与生产合作组织，或提升了社会组织管理体系在促进社区发展、自然资源管理和社区生态建设方面的能力；三是通过产业发展方式的转变（生态化）和替代生计的发展能够提高自然保护地社区居民总体的收入水平。

不过，这些案例也显示出自然保护地社区生计发展的诸多问题，这里归纳为三个典型问题：一是以草原生态系统和民族地区为典型，因传统生产方式丧失导致明显的种质资源流失和文化消亡；二是在短期内显示的居民收入上升在长期发展中，特别是生态补偿政策波动中不可持续甚至下降；三是生态移民产业长期发展，存在移民回流、转产岗位不足、转型产业失败、贷款难以返还、贫富差距增加等问题。

4.1.1.3 传统产业转型发展成败解析

不同的学者从产权理论、福利经济学理论、需求理论、行为经济学理论、能力理论等不同的宏观和微观视角，对自然保护地社区居民对产业转型的选择行为和传统产业转型发展结果进行了解释。本研究总结了一些有利于自然保护地社区传统产业生态化、生计多元化和替代生计发展的因素。

首先是利益相关方参与共管，包括社区、农户、政府、自然保护地管理部门、社会组织、企业等多方参与、整合资源和相互协作。其次是强化社区主体地位和主动参与意识，包括社区带头人示范、社区主观能动性的提升、社区农户能力发展、社区经营组织的活跃和成熟等。最后是灵活依托市场机制，在消费需求追求生态化、特色化时充分体现自然保护地产品与服务的稀缺性、唯一性和独特性。

学者更多地关注自然保护地社区传统产业转型发展出现的问题背后的原因。其具体原因我们总结为四个层面。

其一是发展激励。社区传统产业转型和生计发展思路割裂了人地关系。比如，部分地区生态移民后的产业转型失败被认为是忽视了原住民长期以来建立的人与自然生态系统的平衡，存在源头决策的失误；有些地区提出的替代产业缺乏当地人的文化认同，甚至导致社区文化身份的最终丧失，传统文化价值没有在产业链中有效转化为经济价值；传统产业往往是传统生计的核心，脱离草场、耕地等传统产业生产资料导致原有生计链条中的副产品、经济作物、粮食等的缺失，其日常采购成本大幅提高。

其二是发展保障。政策与市场风险尚未得到有效的应对。第一，政策风险表现为生态补偿的数量、覆盖面、期限、用途等具体实施问题。研究认为政府主导的生态补偿尚未与产业发展接轨，补偿标准不科学，补偿数额低，缺乏空间差异性和时间动态性，而生态补偿的市场机制尚不发达。第二，支持产业转型发展的资金机制不够明朗。研究发现，在自然保护地社区生计发展中，部门主导的产业发展往往依赖于生态补偿经费和部门营业收入，缺乏协调保护与发展的专项补偿资金，如人兽冲突补偿，而非政府组织协调与社区主导的产业发展则依赖于自筹资金，存在很大的不确定性。第三，市场知识储备不足、市场信息获取能力低下等原因导致社区个体农户在参与市场竞争时对市场价格波动、市场需求变化等因素难以把握和应对。第四，自然保护地内生态产品与服务既缺乏统一标准，也缺少有效监管，使区域生态农产品、旅游服务等面对市场竞争时难以胜出。

其三是发展基础。土地权属和规模影响了社区居民的获益能力和获益的公平性。研究指出，自然保护地管理过程中的退耕还林、封山育林、退牧还草等生态保护行为虽然不改变集体土地所有权和承包权，但其使用权与实际收益权已经丧失或部分丧失，存在事实上的"失地"和土地产权权益的扭曲，在短期内接受生态补偿和离土打工等增加了获益途径带来收入的提升，但其集体产权管理权的丧失会导致基于权利的获益能力不断压缩，在从长期成效看，获益能力的下降导致收入提升不可持续，土地规模较大的农户还会因为过高的补偿收入产生休闲需求效应而不利于主动的产业转型发展；同时，自然保护地乐于开展生态旅游转型发展，但在旅游经营权转让中，社区因集体产权管理权的丧失而不具有旅游利益分配谈判权利。

其四是主体能力。社区居民的能力不足和存在的个体差异使其不足以应对产业生态化和多元化的要求。研究指出，语言、文化水平、技能程度、年龄、生活习俗等方面强烈制约个人通过产业转型来拓展生计，低端行业就业难以促进产业整体发展和生计可持续，而技能培训与就业帮扶尚显不足，在农副产品加工业、生态农业畜牧业、特色旅游业和服务业等方面都存在制约。此外，社区整体能力的不足让居民难以有效参与自然保护地管理规划，在产业发展上不能有效地表达诉求，以示范户、示范点开展的生计发展面临复制和推广困难。同时，农户在家庭年龄结构、文化水平、既有生计策略等方面的差异，使得同一区域存在生计发展的选择偏好，统一的产业转型缺乏针对性。

4.1.1.4　传统产业转型发展的对策

针对当前自然保护地社区传统产业转型和生计发展现状与动因，有关学者针对不同区域的具体问题提出了对策。本研究将其归纳为以下几个原则，具有一定的普适性，也能够针对当地具体状况进一步细化产生具体对策。

第一，自然保护地传统产业转型理念需要根植于本土文化。社区主导产业是影响农户生计的关键要素，传统产业支持传统生计，成为本土文化的一部分。一方面，在产业形成和实践中所积累的知识、技术、制度和信仰等传统生态知识富有生态保护思想，有意或无意中能够协同保护目标；另一方面，经由这些传统生态知识作用而生产的物质产品、非物质文化遗产和景观，具有稀缺性和独特性。因此，传统产业转型需要在产业生态化上进一步挖掘传统知识与现代生态理念的结合点，维持和优化传统产业结构，提高产品的生态和文化附加值，推进品牌建设；也需要从多元化的产业类型，如民族手工业、农副产品精深加工业、旅游导赏、旅游服务等方面将本土自然和文化资源产品化、商品化，将劳动力就地吸纳以促进文化传承。

第二，自然保护理念要融入自然保护地传统产业转型。自然保护地社区生计发展不是以脱贫为唯一目的的，而是要将自然保护地管理成效作为社区发展的优势条件和发展契机进行发展。社区发展强调保护权和发展权共享，而不是被动地通过生态补偿进行利益分配；相反地，生态补偿机制应当成为促进产业转型发展这一保护行为的动力，补偿应通过多元化的形式来反映社区生态保护行为的生计成本，补偿款项也应当成为生计发展的原始资金。因此，生态补偿需要配套明确的产业转型发展措施，通过将补偿范围扩大至教育、医疗等社会保障，强化损害赔偿，体现以户为单位的生计资本差异化，设立生态管护岗位等间接补偿模式，从而确保其长期化激励作用和产业培育需求，设置生态补偿上限来节约部分原有对大规模土地拥有者的补偿经费转而建立优惠信贷、产业扶持基金等。

第三，要全面提升社区的主体地位和综合能力。自然保护地社区传统产业转型发展是自然保护地管理的诉求。从社区共管的角度看，社区首先需要在土地产权处置上具有发言权，能够就集体土地的使用权、收益权等在符合法律依据、不违背保护目标的情况下与政府等利益相关方进行商榷，社区农户能够在承包土地的使用权、经营权、收益权、收益处置权和使用权的转让或流转上在法律和管理要求内自由裁夺；社区在产业转型发展规划、执行、监督、评估与改进过程中具有充分的发言权，成为平等的合作伙伴作为自然保护地管理的关键利益相关方来参与，这包括社区家庭、社区精英/带头人和社区组织。在社区个体农户层面，其能力提升需要从短期和长期两方面开展：在短期要相对重视语言文化技能、职业技能、订单式技能、生态管护技能等技术培训；在长期要相对重视环境教育、产业发展等观念和管理能力培训，还要重视对村级领导等社区精英在生态保护、公共管理、项目协调等方面的能力提升。在社区层面，其能力建设主要针对社区生产经营和管理组织开展，提升其应对市场风险、把握市场脉络等能力。从制度发展层面，帮助社区组织成立与管理，从村规民约的制定、实施、监测、完善等方面，帮助社区组织提升资源管理的制度化、规范化、长效化。

第四，利益相关方权责分明，因地制宜以可行方式充分协作，推动自然保护地社区形成协同自然保护的可持续的产业链和生计方式。自然保护地管理中的社区发展涉及的主要利益相关者包括社区农户及其相关社区组织、保护地管理部门、政府、市场等，近年来随着社区参与保护地的实践发展，民间组织、外部专家等也进入了研究者视野。从降低生计风险，提高生计可持续性与生态保护效率的角度看，这些利益相关方必须各司其职，整合联动，才能发挥自然保护地本土资源优势，形成生态保护与社区生计发展的双赢。政府提供资源和政策，首先需要在产业发展政策与生态保护政策的宏观尺度上进行协调把控。在产业发展扶持规划方面，涉及提供财政补贴、低息、贴息贷款、信用担保贷款、税费减免，制定产业生态标准，建立生态标识体系，提供电商、产品大数据平台公共服务等内容。

政府也需要完善立法，确保自然保护地社区发展项目具有法制保障，并负责政策管理、监测与评估。应充分发掘市场需求，利用市场调节机制促进品牌建设和经济附加值提升，优化资源配置以实现生态化生产，在市场需求和供给之间建立有利于生态保护的联动机制。自然保护地管理机构应提供平台来整合多元化的资金与资源，协调不同利益相关方在市场驱动的情况下采取符合管理目标的生计方式来维护自然保护地有效管理。农户和合作经营组织要基于符合社区传统和发展需求的自然资源管理规范和计划实施产业发展规划，与企业等其他市场参与者进行产业合作。非政府组织能够提供资金、能力培训，对保护和社区发展项目进行监测与评估，完善约束机制，培训社区自主管理能力，协调外部专家进行领导力与技能培训和科技支撑。

总之，在自然保护地所在区域内确保社区生计的公平和可持续，通过传统产业转型发展来实现自然保护目标与生计发展双重目标，从本质上来说是一个降低农户生计风险的过程。因此，传统产业转型发展原则就是在自然保护地的保护管理目标下通过多方协作实现社区人地关系的高水平平衡。总体而言，吸收利用传统生态知识，以现代生态科学理念和技术进行生产，在生态环境承载力范围内进行产业发展，才能降低生计发展的自然风险；在自然保护地局地尺度上，将生态保护政策，特别是生态补偿政策与产业发展政策进行长期的协同匹配，避免出现一方鼓励土地利用生态化而另一方刺激农业产出的矛盾，才能减小政策预期的不明朗，降低生计发展的政策风险；充分利用现代市场机制，继承农产品市场风险防范机制，加强自然保护地产品与服务的差异化，进一步完善市场信息服务，培育本地市场，强化产品流通体系，发展合作经营和订单农业，发展包含政府补贴、金融保险工具在内的多元长效风险补偿机制，才能降低产业发展的市场风险。

4.1.2　自然保护地经验对中国国家公园传统产业转型发展的启示

自然保护地具有明确的生物多样性与生态系统保护目标，因此，当地社区不同于一般乡村地区，其产业发展必须与履行生态保护责任义务并行，避免出现发展脱离保护地管理建设，沦为纯粹的经济发展。在这一点上，国家公园社区传统产业转型发展原则与既有自然保护地社区生计与保护协同相一致。

同时，国家公园作为对大规模生态系统进行保护的自然保护地，从其管理目标和体制建设进程看，也具有其特征。首先，国家公园体制试点在空间上整合了原有保护地，强化生态系统完整性保护，使得社区传统产业活动空间与国家公园边界和分区有了新的互动关系，产业活动过程与后果也重新对标国家公园分区管理正面负面清单与总体管理目标；其次，国家公园具有国家代表性，保护最典型和最具有价值的自然生态系统、景观与文化遗产，这也为社区重新定位自身与环境的关系，发掘自然与文化的融合及其价值实现带来了契机。

因此，国家公园的相对较大的空间范围与人口规模可能因社区间的社会经济文化差异，带来区域内社区主导的传统产业及其转型路径的多样化和复杂性，而其管理体制的优化和管理目标多样化，也会因利益相关方的多元化、政策创新、法律强化、就业门类增加等为以产业发展社区生计带来新的契机。

基于对国家公园的这一认识，结合上述对自然保护地社区传统产业转型发展的结果、问题、对策等的总结，研究认为国家公园传统产业转型发展应继承既往优良经验，把握新的机遇，重视以下几个方面。

（1）产业发展理念与实践要根植于本土文化。产业生态化、产业多样化与产业的更迭都要尽量尊重和符合本土文化，力求实现文化附加值，有利于优良文化传统保护和传承。

（2）自然保护观念要贯穿产业发展过程。产业发展目标、技术路径、管理体系、产品与服务都要直接或间接依托生态经济理论，依赖自然保护成果，支持自然保护管理，让保护对象与保护结果成为优质的生计资本，让国家公园品牌成为产业发展机遇。

（3）产业发展具有时空匹配性。对标国家公园生态系统完整性管理和具体产业活动的保护兼容性，从景观尺度出发协调产业活动的空间布局，将产业链层级的生态化和产业多功能扩展到区域尺度予以考虑；并在时间上通过持续的社区能力建设、产业组织融合、市场培育等来适应景观尺度上不同社区之间、乡村与城镇之间的产业链构建和产业布局。

（4）社区主体地位和民间组织能力要得到充分运用。在协同保护与社区发展的实践中，应重视社区精英的示范与带动作用，农户间联动与资源管理自组织能力，社区生产经营组织联动外部市场抵御风险等作用。随着多方参与理念的被认可和践行，应特别重视利用民间组织的资金、技术和能力来进一步推行社区赋权和能力建设，提升社区主体地位。

（5）传统产业转型要有明确的市场导向。市场需求下的产品生态化、定制化趋势被认为是自然保护地产品与服务发展的重要契机，在明确的需求导向下，政府与民间机构等要帮助分析需求的时空差异，建立产品与服务标准，形成符合资源属性和市场属性的生产周期，充分为社区产品创造市场进入机会和提升竞争能力。从社区到消费者这一链条中，依托现代科技和新兴技术来开展采集、加工、储存、运输、营销，联动利益相关方构建利益分配等相关机制，是国家公园传统产业转型成果的一个缩影。

4.2　国家公园体制试点区传统产业转型经验分析

4.2.1　祁连山国家公园区域传统产业转型经验分析

4.2.1.1　传统畜牧业转型的方向与路径

课题组对近20年来祁连山国家公园主要涉及的牧区与半农半牧区的传统产业转型相关研究进行内容分析，结合上述对我国自然保护地社区产业转型的总体经验，对祁连山地区传统畜牧业产业转型进行具体分析。从自然保护地社区传统产业转型角度看，以甘肃省祁连山自然保护区为代表，在地域上以甘肃省肃南县为主，在国家公园体制建设开始前，祁连山地区已经进行了一系列的传统产业转型提升和牧民生计发展。

祁连山地区牧业产业转型的核心理念是保障祁连山生态系统的生态环境效益，发挥祁连山地区的自然和文化差异化竞争优势。祁连山地区传统产业转型在近年来存在新的社会发展背景。中共中央办公厅、国务院办公厅于2017年就甘肃祁连山国家级自然保护区生态环境问题发出通报，中央全面深化改革领导小组第36次会议审议通过《祁连山国家公园体制试点方案》，2018年10月祁连山国家公园管理局正式成立，设立"环境资源保护巡回审判法庭"和制定完成《祁连山国家公园管理条例（初稿）》，增大了对祁连山生态环境保护力度（图4-1）。因此，新政策虽然强化了生态保护，但也使周边社区的产业发展在政策衔接上面临挑战。

图4-1 甘肃省张掖市民乐县生态环境修复工程（摄影：何思源）

近20年来，牧业产业转型的主要方向包括：①畜牧业的现代化、规模化和生态化；②畜牧产品精深加工业；③以自然保护地为主要目的地的特色旅游业。

　　牧业产业转型的主要实施路径包括：①实施牧区、半农半牧区生态移民。如肃南县的"生态搬迁+废弃地复垦"和"绿色发展转型"方式，将分散牧民从自然保护区、生态环境严重破坏区、生态脆弱区以及不适宜居住区内向集镇中心或公路沿线整体转移安置，到2019年，149户转移，整体出栏牲畜3.06万羊单位（图4-2）。②实施退牧还草工程，落实草原生态保护补奖机制。在草原地区分别实施四季、冬季、夏季草场禁牧和草畜平衡。③发展舍饲、半舍饲养殖。以"禁牧不禁养""减畜不减收"为目标，发展"有机""绿色"畜牧业，进行特色牲畜、舍饲半舍饲养殖，建立育种、育肥等基地吸纳移民搬迁劳动力，提高牲畜繁殖率、出栏率、商品率。④提升畜牧业规模化和专业分工，进行产业链延伸。通过龙头企业带动和生产基地将分散经营纳入规模化经营，以市场为导向进行产品创新和主导产品定位，对皮、毛、奶等初级产品进行深加工。⑤在祁连山自然保护区等地开展生态旅游。

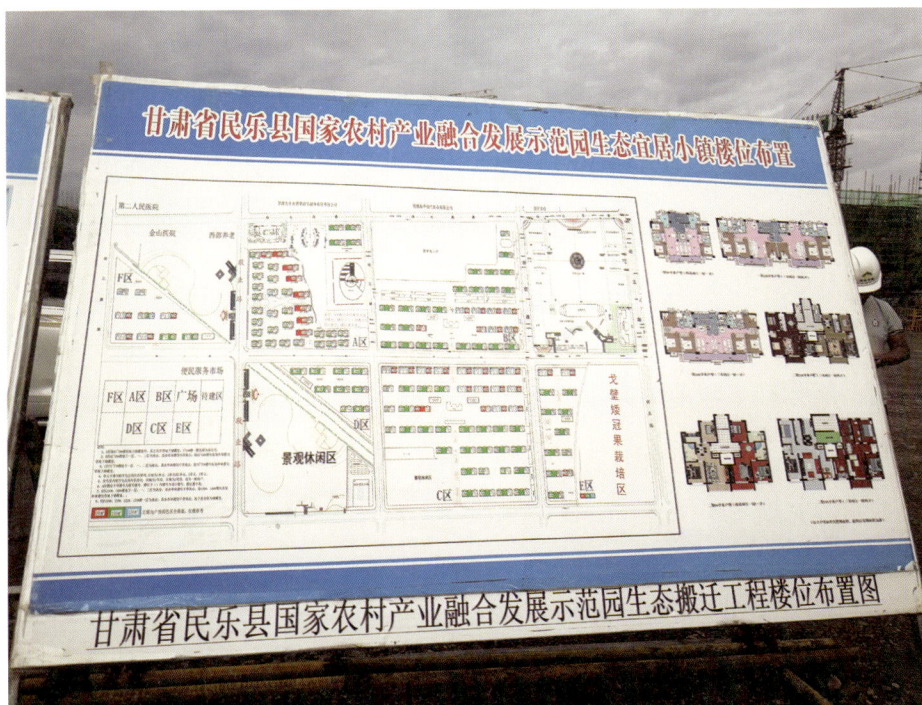

图4-2　甘肃省民乐县国家农村产业融合发展示范园生态宜居小镇建设（摄影：何思源）

为顺利开展产业转型，地方政府提供了系列的保障措施，主要包括：①草地产权制度的完善，加强草地流转的法律制度，防止租赁草场的掠夺性放牧等；②确保两轮草原生态保护补奖经费按时拨付；③拓宽资金来源，积极争取生态保护和综合防治项目，如建立以草原鼠虫害防治为重点的草原灾害监测预警体系，争取畜牧综合发展、山水林田湖草等生态治理项目。

4.2.1.2 传统畜牧业转型的成效与问题

牧业产业转型升级一直以来是草原地区生态安全和经济发展政策制定和实施的关注点之一，近20年来祁连山地区传统牧业在开展生态移民转产和就地产业生态化、多元化方面取得了一定的成效。以禁牧和草畜平衡主导的牧业生态化在短期内促使牧民打工收入比例上升，多种经营比例上升；依托自然保护地开展的（生态）旅游，在一定程度上促进了牧业社区基础设施建设，提供了多种就业机会，提高了牧民收入；同时，旅游业的兴起促使一些将要被同化或遗弃的民族传统习俗和文化活动得到开发和恢复，民族传统手工艺品生产得到一定的复兴，提升了社区居民的文化自豪和自信；旅游业的多元带动带来的经济效益，促进牧民自觉参与生态保护和资源合理利用，促进部分劳动力全部或季节性从牧业转移，自主开展旅游服务经营或进入外来资本运营的旅游服务部门打工，并通过与游客交流提高了社会文化素养（图4-3）。

然而，传统牧业转型也存在一些比较明显的问题，一是牧业生计转型收入不能弥补畜牧业收入下滑造成的损失，如以肃南县1997到2006年的研究为例，多种经营和打工收入份额虽然上升，但家庭收入总水平下降。二是旅游业社区参与不足，经济效益低，存在经营行为不规范、民俗文化被低端或扭曲的商品化。

一些研究者对上述牧业的转型进程和结果进行分析，指出造成产业转型失败的一些原因。首先，生态移民搬迁缺乏多元长效的产业转型配套机制，牧民的素质、资金和技术等方面的都不足以支持他们进行规模化生产

图4-3　甘肃省祁连县扎麻什乡郭米村开展生态旅游（摄影：何思源）

和多种经营；其次，生态补偿机制不健全，补偿额度不足以激励牧民减少粗放式生产经营方式；最后，自然保护地生态旅游缺乏健全的体制和机制，在管理体制方面，自然保护地管理单位、旅游管理单位、社区与地方政府各行其是，科研与管理人才缺乏，缺乏在自然保护前提下的系统空间规划，客源吸引力不足；在运行机制方面，确定旅游承载量的科学依据不足。

4.2.1.3　传统畜牧业转型的对策与启示

在牧业转型动态过程中，祁连山地区的生态价值也得到越来越多的认识，在此基础上对其区域绿色发展模式的认知也逐渐成熟，从外部看，需要保障其生态系统服务的正外部性和整体生态环境效应，建立更为有效的生态补偿制度来推进生态资产向金融资产的转化；从内部看，需要突破生态资产转化的传统途径，以生态旅游激发区域发展内生动力。因此，针对生态移民、生态补偿和生态旅游发展等主要牧业转型的方向、路径与结果，研究者持续提出牧业转型对策。

在短期对策方面要对接生态移民诉求和能力，对生态移民搬迁户和小规模牧民进行工作技能培训、城市适应能力培训和社会保障体系构建。在中长期对策方面，主要措施包括：①提升劳动者素质，提高妇女受教育程度；②持续完善草原基础设施建设配套；③全面完善草原生态保护补奖制度，特别是以科学方式核算草畜平衡，进行动态核定和奖惩管理；④健全市场风险抵御机制，克服牧民在市场中的信息不完全性和风险脆弱性；⑤完善畜牧业社会化服务体系，引导牧民与市场对接，吸引资金建立牧业产品销售网络；⑥以社区共管形式发展自然保护地生态旅游，建立公平的利益分享机制，以自然生态和民族文化为基础、以匹配牧民能力为前提，鼓励投资入股、合作和劳务等多种形式，引导其参与向导、餐饮、住宿、手工艺制作售卖等旅游第三产业和服务业；⑦在区域规划上要对接生态保护和产业发展，特色小镇要在规划上支持生态旅游和特色产业；⑧充分利用社会资源，依托民间机构开展自然保护地社区发展项目，联合高校与科研院所推动产业科技成果转化。

历史视角下的祁连山国家公园相关区域的传统牧业转型研究表明，祁连山地区生态保护与地方产业发展密切相关，然而，从产业转型历程看，牧民无论是退出传统游牧进行舍饲养殖，还是放弃畜牧业，都会在长期生计发展上存在困境；以生态与文化为本底，拓展牧业产业功能，虽然是合理和良好的产业转型方向之一，但面对近年来祁连山生态保护政策升级，还未找到科学合理的发展出路。因此，在国家公园体制建设的新时期，祁连山国家公园周边社区继承近20年来的牧业转型发展经验，也在国家公园管理目标下面对新的问题和挑战。

4.2.2 武夷山国家公园区域传统产业转型的经验分析

4.2.2.1 传统茶产业转型的方向与路径

课题组对近20年来武夷山国家公园主要涉及的行政区域内的产业发展相关研究进行内容分析，结合对我国自然保护地社区产业转型的总体经验，对武夷山地区传统茶产业转型进行具体分析。从自然保护地社区传统产业转型角度看，研究区域涉及自然保护区、风景名胜区、世界遗产、森林公园等多类型保护地与社区产业的关系，在行政区域上以武夷山市为主，在国家公园体制建设开始前，武夷山地区已经进行了一系列的传统产业转型提升和茶农生计发展。

武夷山地区茶产业被地方政府列为农业主导产业，其发展的核心理念是不断提升武夷山作为岩茶主产区和红茶发源地的知名度和产品效应，发挥茶产业和茶产品的旅游带动效应，以茶旅融合推动全域旅游发展。

近20年来，茶产业不断发展壮大，茶业转型的主要方向包括：①茶产业生态化、标准化和规模化；②茶叶品牌提升；③茶旅融合发展。

茶产业转型的主要实施路径包括：①进行茶业生产的全产业链的生态化和标准化管理。在负面管控方面，持续开展茶山整治专项行动，打击违规非法开垦茶山和不经审批违规建茶厂的行为，对违规使用农药及农药残留超标进行监管和处罚；在正面提升方面，进行生态茶园建设、改造和茶园科学管护，改良茶叶品种，使用生物农药、农家肥和有机肥，开展生产技术、质量安全管理培训和生产技术交流（图4-4）。②提高茶产业规模化经营和产业链延伸。推动茶产业以龙头企业带动散户茶农进行规模化经营，建立"公司＋基地＋农户"模式；推进茶产业加工区、茶叶精加工区建设，发展茶食品、工艺品、保健品等深加工企业，引进包装、设计等生产配套型企业。③进行茶叶品牌创建、宣传和维护。在品牌创建方面，武夷山市政府于2001年开始规范岩茶的商标规范、生产管理和产业转型方向；2017年以来推行"行业＋党委"模式以社会组织党建推动茶叶品牌建立和维护；在品牌宣传方面，政府在2001年以来主导茶文化挖掘、推广和市场营销，以展会产品推介、多媒体宣传、非遗展示等多种方式全力推进武夷山茶叶打响品牌；在品牌维护方面，进行茶叶质量管控，实行茶叶质量可追溯体系建设；规范证明商标和地理标志的申报使用管理；组织民间开展茶叶质量评比来引导茶企和茶农提升茶叶品质；开展农药市场管理和茶叶市场专项整顿与品牌打假。④以茶文化为内涵来推动茶旅融合。发挥武夷山"世界双遗产地""旅游胜地"吸引力,以茶企为主体推动茶文化体验,挖掘茶业多功能;结合景区景观时空特征,开辟茶文化专线,推出"森林人家"品牌的寻茶之旅;以体验、展示、销售等多种方式发挥茶业的观光科普、研学体验、休闲度假等多重功能。

（a）

（b）

图4-4　永生茶业有限公司生态茶园（a）和建阳区黄坑镇坳头村生态茶山（b）
（摄影：何思源）

为顺利开展产业转型，地方政府提供了系列的保障措施，主要包括：①出台茶产业转型升级指导意见和各类管理措施。2016、2017年，武夷山市政府先后发出指导武夷山茶产业转型升级方向的指导意见，指出要"充分发挥武夷山自然与文化双遗产地、中国茶文化艺术之乡和非遗项目武夷岩茶（大红袍）制作技艺的优势作用，着重实现'三个'转变：由茶业传统生产为主向传统与现代生产兼容转变；由单一茶叶营销向茶文化、茶旅游观光综合营销转变；由单一茶叶产品加工向多元产品精细深加工提高附加值转变"；从2008年开始，武夷山市在全国率先制定了一系列管控规范性文件指导茶山综合整治，严控茶山开垦行为，如《关于科学开垦茶山保护生态资源的通告》（武政告〔2008〕10号）、《关于规范武夷山市茶产业发展若干意见》（武委〔2010〕24号）等；2013年起，明确规定全面禁止开垦茶山，并出台了更严厉的责任追究措施，2014年，印发了《关于进一步加强和深化茶山整治工作的实施意见》《关于规范挖掘机上山开垦林地行为的通告》等五份文件；建立茶业经营"黑名单"制度等。②提供茶产业转型升级资金。自2016年起，武夷山市财政每年安排茶产业转型升级发展专项资金500万，支持生态茶园建设，茶旅融合项目，企业发展精深加工、"互联网+"、挂牌上市、品牌营销等；金融机构推出一系列优惠信贷措施解决茶农、茶企的资金周转。③强化现代茶业科技服务和产业链社会化服务体系。强化茶业种质资源研究，加强对武夷山市茶叶病虫害的预测预报，搭建茶叶电商平台和物流服务网络，如2013年建立全国茶叶拍卖中心。

4.2.2.2　传统茶产业转型的成效与问题

武夷山茶叶种植历史悠久，其现代茶产业发展伴随着茶叶作为国家一、二类物资进行统、派、购到开放经营、以市场为导向，也经历了从逐利到重视生态的变化。近20年来武夷山地区茶产业本身迅速发展，其转型升级在生态化、标准化和多元化方面取得了一定的成效，产生了明显的经济、生态和社会效益。首先，在政府大力推动下，产业规模扩大，茶叶品牌形象建立，品牌影响力迅速提升。2018年，武夷山市共有茶园面积14.8万亩[①]，比2008年增加3.25万亩，自2008年以来累计投入现代茶业生产发展项目资金1.29亿元，建设标准化生态茶园10万亩，截至2018年年底，武夷山市共注册茶叶企业3550家，规模以上企业38家，通过食品生产许可认证企业573家，市级以上茶叶龙头企业15家，茶叶合作社94家；拥有茶业中国驰名商标3个，国家地理标志证明商标9个，著名商标51个，知名商标120个。其次，茶产业现代化、经营规模化提升，茶农市场参与度加强，收入提高。不同规模茶业生产加工者逐步在产业链上进行分工合作，在品牌效应、市场驱动和品质提升等影响下，茶农收入普遍大幅提升，茶业产业扶贫和就业扶贫取得一定成效。最后，茶业生态化促进了生物多样性和生态系统保护，推动了非物质文化遗产保护和文化传承。在种质资源保护方面，挖掘记录茶树品种280种；茶山整治带来明显的生态改善；茶叶生产制作等传统工艺逐渐形成传承人制度。

不过，传统茶业产业在经历了近20年的发展和转型后，尽管从经济效益来看提升明显，但产业整体还存在一些典型问题。总体而言，首先，茶业产业从业者以中小规模、分散经营的茶农为主，组织化程度低，茶叶家庭式加工厂广泛而密集分布（图4-5）。这种经营规模存在几个主要问题：一是专业化水平低，茶农家庭集种茶、制茶、卖茶于一身，难有余力发挥茶业多功能，使得单一产业抗风险能力较低；二是茶叶生产标准难以执行，产品质量不稳定。不同茶农分散生产，厂房设计不尽合理，加工基础条件差，管理水平存在差异，生产设备、加工条件、技术水平、操作规程、质量安全管控等标准难以执行和监督。

其次，茶业产业链上不同规模从业者尚未形成利益共同体，品牌合力不够强。这主要表现在龙头企业与茶农之间大多仅形成松散的买卖关系，龙头企业带动效应和梯队建设成效不明显，规模化产业优势未发挥，甚至在销售中存在本地茶企和外地终端销售渠道商争利。此外，茶业产业链总体较短，茶叶深加工产品开发少，附加值低。

[①] 1亩=1/15hm²，下同。

图4-5　桐木村某茶业作坊（摄影：何思源）

在武夷山地区经历了40余年的多类型保护地管理的背景下，地方政府对茶产业发展的生态内涵的理解依然存在偏差，茶业发展总体而言与区域生态保护存在脱节，使得武夷山茶业在转型中的品牌提升策略存在一些问题。这主要表现在对茶叶的品牌定位和宣传偏重产品及饮茶文化，不太重视资源管理系统及其传统生态知识；在品牌价值构建时重人力资本价值，如制作工艺等技艺和文化传承等，轻自然资本价值，如茶山森林生态系统。在不够理性的市场营销时将文化表面化，过分强调山场稀缺性并将其与消费者身价品味关联，引起价格哄抬和虚高：一方面导致茶山的传统生态种植受到市场经济冲击，造成现代茶园的生态理念缺失和生态破坏；另一方面导致市场假冒伪劣、以次充好频发，品牌口碑受到影响，茶农的市场风险增大。

从茶旅融合发挥茶产业多功能的角度看，这一实施路径也存在典型问题。首先，在旅游资源价值定位上，自然资源与文化资源缺乏真正意义的整合。旅游产品和项目单一，在文化展示上流于表面，商业驱动下盲目开发，缺乏生态底蕴、科学性和由此而来的高附加值产品（图4-6）；其

图4-6　游人在桐木村逗弄猕猴（摄影：何思源）

次，茶业产业链本身发育尚不成熟，专业化程度低，行业机构间协作配合不够。茶业生产者进行旅游产品和服务开发在管理资金、人才和理念方面存在不足，从茶业种植、加工到旅游服务产品提供中缺乏专业文旅力量参与，导致缺乏标准，盲目开发、无序建设和自主投资造成恶劣影响。

4.2.2.3　传统茶产业转型的对策与启示

面对上述传统茶产业转型中的问题，一些研究者主要针对茶旅融合的产业发展提供了一些对策，这些对策突出显示了武夷山在推进茶产业转型升级时的生态理念的重要性和旅游形态的重新定位。

第一，茶旅融合需要规划先行，以武夷山市政府牵头，协调、农业农村局、文化体育和旅游局、茶业局、乡镇政府、村委等多部门进行协作，结合各地区的旅游资源特色制定差异化的茶旅融合特色旅游规划，避免旅游同质化发展，真正实现产业联动和三产融合。

第二，茶旅融合需要对接新兴市场需求，针对不同类型的客源市场，利用好以茶叶为代表的本地优质生态农副产品，在提升生态内涵及其附加值的基础上，发展生态康养旅游、科普研学旅游、休闲度假旅游、文化体验旅游等多种发展模式，以沉浸体验式取代传统单一产品购买和观光式旅游。

第三，茶旅融合要匹配和提升社区能力，吸收多元资金，充分吸纳社区参与旅游规划，构建公平合理的利益分配机制。

历史视角下的武夷山地区传统茶产业转型研究表明，武夷山地区的生态本底虽然是茶产业发展的基础和保障，但在茶产业转型过程中，仅有茶产业的生态化试图保障这一资源基础，以地域品牌进行产品价值提升以及以茶带旅的拓展茶产业，都未能充分认识和发挥生态保护的重要作用，实现生态价值向经济价值的转变。在自然保护地周边，以茶农散户经营为主的产业组织程度低的局面长期以来并未有明显改变，产业链上的专业分工、标准化管理和产品生态价值实现还将是在国家公园体制建设的新时期内将要继承和应对的问题。

第5章

国家公园传统产业转型
发展现状、问题与方向

国家公园体制建设旨在合理地解决生态保护与资源开发利用之间的矛盾，是通过较小范围的适度开发实现大范围的有效保护，其资源利用模式必须以生态保护为前提来构建。利用第3章中理论研究所构建的产业活动保护兼容性评价体系，本章首先对祁连山国家公园体制试点区的传统畜牧业和武夷山国家公园的传统茶产业是否能够满足生态保护要求进行判断，分析其协调保护和社区发展的优势与不足。进而详细地从主客观两个视角识别国家公园体制建立与实施过程中传统产业转型发展的需求与困境。在客观视角下主要依据第3章的传统产业转型发展模型从生态产业与生态补偿两方面梳理政府与管理机构自上而下的政策实施状况；在主观视角下主要立足生计风险探讨社区居民在国家公园体制下对传统产业的认知。结合主客观视角，本章系统分析了传统畜牧业和茶产业在国家公园体制建设中面临的转型发展问题，提出生态产业发展中经营理念转变和产业功能拓展的具体目标，为以生态保护为前提进行传统产业转型发展提供科学依据。

5.1　国家公园传统产业保护兼容性分析

根据国家公园生计活动保护兼容性快速评价体系对祁连山国家公园内的畜牧业、武夷山国家公园内的茶产业的一般状况进行评价研究。原始数据主要采用半结构式深度访谈和传统产业保护兼容性结构化问卷调查获得。

其中，保护兼容性评价单项指标通过算术平均获得，综合分数通过对每项管理指标分值进行归一化加权求和获得，最终得到武夷山国家公园和祁连山国家公园社区生计活动保护兼容性评价的综合得分。

$$P = \sum_{i=1}^{n} Q_i S_i \tag{5-1}$$

式中，P 为国家公园社区产业和生计活动保护兼容性评价综合得分，Q_i 为第 i 项指标的权重值，S_i 为第 i 项指标的得分。最终得到两个国家公园的单项指标保护兼容性得分及综合得分（表5-1和表5-2）。

表5-1　武夷山国家公园与祁连山国家公园单项指标保护兼容性得分

目标层	准则层	指标层	武夷山国家公园	祁连山国家公园
保护兼容性	生态文化	生态观念	38.16	26.79
		文化传承	93.42	87.5
		传统知识	82.89	82.14
	资源管理	知识融合	82.89	78.57
		社会关系	75	85.71
		合作生产	73.68	80.36
	生态影响	空间范围	85.53	83.93
		影响强度	89.47	89.29
		持久性	94.74	94.64
	生计结果	资源可持续利用	94.74	92.86
		生理健康	94.74	78.57
		乡村依恋	96.05	91.07

表5-2　武夷山国家公园与祁连山国家公园保护兼容性指标综合得分

名称	生态文化	资源管理	生态影响	生计结果	综合得分
武夷山国家公园	17.50	20.87	20.34	22.76	81.47
祁连山国家公园	15.65	22.03	20.20	20.99	78.87

　　根据保护兼容性划分标准，两个国家公园主导传统产业保护兼容性指标综合得分均在75分以上，保护兼容性均为"优"，表明当前传统产业在常规生产方式下与国家公园自然保护管理需求能够协调一致。从四个准则层的评价指标得分看，祁连山国家公园传统畜牧业中资源管理是保护兼容性最主要的体现，表明传统畜牧业在保持良好的社会关系、推进合作生产与延续和更新资源管理方面带来了良好的保护兼容性。武夷山国家公园茶产业中生计结果是保护兼容性最重要的体现，表明长期以来产业所表现出的资源可持续利用和人文精神带来了良好的保护兼容性。

　　从单项指标得分看，祁连山国家公园传统畜牧业对生态影响的持久性得分最高，表明传统畜牧业生产下草原生态系统在干扰后很快能够恢复；武夷山茶产业带来的乡村依恋得分最高，表明茶产业能够明显增强对家乡的依恋和自豪，间接反映维持产业的内在动力。相对而言，祁连山国家公园传统畜牧业在生理健康方面得分显著较低，表明需要在健康医疗方面支持当地牧民社区继续延续保护兼容性产业活动。武夷山国家公园茶产业则在合作生产方面得分显著较低，表明可以通过强化生产经营组织的合作来提升产业的保护兼容性。同时，传统产业在生态文化方面得分明显最低，而专家对于指标权重打分时认为这一指标最为重要，这也反映出传统产业所具有的生态观念在目前的生产实践中容易被居民淡化。

综上所述，畜牧业和茶产业本身不具有在国家公园管理下被全面替代的必要性和可能性，从生态影响、文化传承等方面看，这些传统产业具有存在的外在条件和内在动力，但其产业现状从提升保护兼容性角度看仍然存在较大空间。首先，生态文化观念在产业发展中具有脆弱性，易于流失，需要进行强化来维持传统产业中人地和谐的认知；其次，传统产业的生态影响需要严格的监测和管理，确保其产业活动规范可控，与自然生态系统协同发展；最后，祁连山国家公园社区的畜牧业需要进一步提高其生计发展贡献，解决生计可持续中的人力和自然资本问题，而武夷山国家公园则需要强化资源管理的整体效率。

5.2 生计视角下国家公园体制建设中传统产业发展客观情况

研究采用调研获得的一手文件资料，根据国家公园社区产业发展理论模型中的生态产业与生态补偿/保护就业两条社区居民生计发展路径（图3-6A、B），对祁连山和武夷山国家公园体制试点建设在协调社区发展与生态保护方面进行的主要工作和成效进行总结，同时形成对现状问题分析的支持材料。

5.2.1 国家公园社会经济概况

祁连山国家公园体制试点区涉及的社区人口主要以从事农牧业为主。截至2018年2月底，甘肃片区统计载畜量136.08万头（匹，只），其中牛15.85万头，马0.96万匹，羊119.27万只。广大农牧民长期受传统养殖和种植方式影响，固守原有的产业模式，散居在草原和耕作条件相对较好的沟谷地带。区域内各县多以传统的畜牧业和种植业为主，其中肃北县、阿克塞县、肃南县、天祝县为少数民族牧业县，经济结构单一，生产方式落后，经济总量相对较低。

截至 2018 年年底，青海片区内居民全年可支配总收入 15.03 亿元，每户可支配收入平均 4.79 万元，人均 1.3 万元，远低于全省 2018 年可支配收入（2.08 万元）。居民可支配收入包括养殖收入 7.36 亿元、种植收入 0.69 亿元、虫草收入 0.52 亿元、务工收入 4.34 亿元、养老金和高龄补助 0.23 亿元、村集体分红 0.08 亿元、林业生态补助 0.04 亿元、草原生态补助 0.72 亿元和其他收入十个方面。其中养殖、放牧和外出务工是公园内居民收入的主要来源，占到了全部收入的 80% 以上；林业和草原生态补助收入 0.76 亿元，占比达 5%。

武夷山国家公园内及其周边社区以茶产业为主导产业。武夷山国家公园范围内共有茶叶种植面积 51817 亩，其中武夷山国家公园内村民茶叶种植面积 11710 亩，核心保护区内茶园总面积 1039 亩，分布于武夷山市星村镇程墩村、红星村、桐木村，建阳区黄坑镇坳头村和镇林场。国家公园内有工商登记在册的茶叶企业 98 家，通过食品生产许可（SC）认证企业 4 家，个体工商户 220 家。茶叶合作社 23 家，涉及茶农家庭累计 700 余户。2019 年国家公园内干毛茶产量约 731.8 吨，产值约 1.8068 亿元。武夷山国家公园及其周边地区有休闲农业直接从业人员 335 人，带动农户 23 户，间接带动从业人员 1131 人，2019 年接待游客 50 余万人次。

5.2.2　国家公园传统产业发展概况

5.2.2.1　国家公园社区产业发展政策

（1）祁连山国家公园

祁连山国家公园青海片区已经建立村两委＋模式，涵盖"村两委＋党建""村两委＋宣传模式""村两委＋自然教育模式"及"村两委＋保护模式"四项，旨在吸收国家公园原住居民参与国家公园建设管理。2019 年，经过村两委的领导和组织，试点区周边联合民间保护机构开展生态服务型经济试点，建立生态管护员队伍，有效提升了生态保护工作的专业性和覆盖面，为当地群众提供了新的就业机会和收入来源；积极发展生态旅游业；建立健全社区共管机制，鼓励社区群众参与国家公园的保护、宣传和教育工作。同时，严格执行《青海省国家公园重点生态功能区产业准入负面清单》。

甘肃片区已经编制完成《甘肃省国家公园社区共管共建方案》《国家公园甘肃省片区社会参与机制实施方案（试行）》《祁连山国家公园甘肃省片区周边区域产业发展、基础设施和公共服务体系建设专项规划》《祁连山国家公园甘肃省片区生态体验和环境教育专项规划》《祁连山国家公园甘肃省片区特许经营管理暂行办法》《祁连山国家公园产业准入清单（2020年版）》等，用以推动祁连山国家公园社区共管共建及周边区域产业发展。

（2）武夷山国家公园

《武夷山国家公园特许经营管理暂行办法》已经由福建省人民政府办公厅于2020年6月22日公布，目前将九曲竹筏游览、环保观光车、漂流等三类经营纳入特许经营。武夷山国家公园继续支持民营企业参与经营龙川瀑布等区内旅游景点，同时对配合国家公园保护的单位和个人予以奖励。截至2019年年底，景区内直接从事导游、竹筏工、环卫工、绿地管护员等经营和服务工作的村民达1200多人。

为引导武夷山国家公园周边社区产业发展，武夷山市人民政府于2020年5月9日印发关于《武夷山国家公园周边社区产业正面清单（试行）》（以下简称《清单》）。《清单》中明确提出引入产业准入认证机制和国家公园产品标识认证体系，同时围绕生态茶产业、自然教育、研学、游学和民俗文化产业以及林下经济、竹产业和特色生态种养殖业三个方面多元化提升武夷山国家公园的产业生态化水平。

在生态茶产业方面，《清单》提出以生态影响为主要依据分别在距离国家公园较近区域结合现有产业状况因地制宜地布局生态茶种植和初级加工产业，在距离国家公园较远且对国家公园生态保护影响较小的区域推动布局生态茶精细加工产业与附加服务业；重视种质资源、古法种植耕作和非物质文化遗产传承；条块结合、部门协作的将产业生态化和生态保护相结合提高茶产业管理水平和产品品质。

在自然教育、研学、游学和民俗文化产业方面，《清单》提出针对文化、自然、乡土等多类型资源进行分类、定位和开发；积极将入口社区国家公园服务功能和乡村休闲观光功能融合，同时对旅游经营企业进行规范化建设，基于资质、信誉、能力等接受多部门审批、监管进行规范管理。

在林下经济、竹产业和特色生态种养殖业方面，《清单》提出因地制宜发展多类型的项目化产业，突出专业技术先行，推动科研联动紧密的产、学、研一体化发展。

武夷山国家公园管理局已经对国家公园内及周边社区进行了茶产业发展的管控与引导。在茶山管控方面，一是武夷山国家公园管理局组建了一支专业茶山巡防队伍，对茶山开展日常巡防工作，严禁毁林开垦、新建和扩建茶园；二是依托武夷山大数据中心，建立全武夷山市茶山动态化管控指挥平台；三是武夷山市政府先后出台了《关于加强全市生态茶园建设与管理意见的通知》《违规违法开垦茶山专项整治行动方案》《关于加强农药化肥监管促进茶叶品质提升的工作措施》等规定，并由武夷山国家公园管理局不定期对违规违法开垦茶山行为开展联合专项整治行动。2018 和2019 两年，星村大队和武夷大队共整治 4678 亩违规种植茶山，违规种茶行为主要包括毁林种茶、林下套种、无林地种茶等。四是建立和落实违规违法开垦茶山"黑名单"制度，对列入"黑名单"的茶企或个人，各单位不得在项目、资金、政策上予以任何扶持，并对列入"黑名单"的茶企或个人以及给予项目资金扶持的相关责任人予以责任追究。五是由武夷山市茶叶局会同农业农村部门负责对全市范围内经营培育茶苗的单位和个人逐一登记造册，掌握茶苗培育情况，落实茶苗流向动态。

目前武夷山国家公园管理局制定了《武夷山国家公园产业引导机制》

《武夷山国家公园培训与就业引导机制》，引导产业生态化转型，重点扶持生态茶业、生态旅游、竹产业转型和林下经济等。在生态茶业方面，发挥茶业龙头企业优势，建立"龙头企业＋农户"的经营模式；支持创办茶叶合作社，以"合作社＋茶农＋互联网"的运作模式，促进分散农户与市场紧密对接，实现标准化生产、规模化经营；进行生态茶园改造，已投入扶持资金346.9万元，购买苗木1.23万株无偿提供给茶企、茶农建设茶－林混交生态茶园1860亩；指导开展地理标志申报和绿色认证，推动试点区茶叶成为绿色环保无公害产品。在生态旅游业方面，结合美丽乡村建设，对接武夷山全域旅游布局，利用九曲溪上游旅游资源引导村民发展民宿，引导发展乡村旅游、生态观光游和茶旅慢游。在竹产业与林下经济方面，引导竹农在现有规模下开展丰产毛竹培育，林蜂、林药、林菌等特色林下种（养）业。

为推动生态茶园建设，武夷山市政府印发了《生态茶园示范片建设方案》，引导茶企、茶农通过套种乡土树种，建设上层乔木、下层茶树复合型生态茶园。目前已完成三期建设，累计建设生态茶园1860亩，平均亩产茶青500～600斤[①]，茶干60～80斤（表5-3）。对于改善土壤理化状况，增强茶园水土保持能力，减少病虫危害，提高茶叶产量和品质，起到了良好的种植效果。

表5-3　武夷山国家公园生态茶园三期建设情况

项目[1]	茶叶企业或合作社名称[2]	建设面积（亩）
第一期（2018年）	武夷星茶业有限公司	300
	永生茶业有限公司	200
第二期（2019年）	武夷星茶业有限公司	100
	永生茶业有限公司	200
	皇龙袍茶业有限公司	100
	君子红生态茶业有限公司	60
	星村镇洲头村委会	200

---

① 1斤＝0.5千克，下同。

（续）

项目[1]	茶叶企业或合作社名称[2]	建设面积（亩）
第三期（2020年）	武夷山武皇茶业有限公司 慈意园生态农业发展有限公司	400
	永生茶业有限公司	200
	建阳区黄坑镇坳头村委员会	100

注：1.三期合同金额分别为795800元、601080元、2071708元，由省级财政资金支出；2.目前要求申请土地单片需在50亩以上，故尚未有个人申请。

在社区建设方面，出台了《关于武夷山国家公园武夷山市行政区域内村民住房建设前置审核的实施意见》和《武夷山国家公园项目建设前置审核工作方案》等文件，规范国家公园内村民建房和公建项目审核。属地政府组织编制桐木、坳头、黄村等村庄建设规划，规范建筑风格、环境景观和旅游配套设施等，确保与国家公园总体规划相协调。试点工作开展以来，共审核同意村民新建改建住房30户；前置审核通过公建项目7个。

相关乡村规划在乡村产业发展规划方面，均以茶产业和旅游产业作为主导产业进行规划。在茶业发展方面，规划涉及茶叶种植的有机生态智慧化，茶叶生产场地的集中和/标准化，茶叶合作社与"农户＋村集体＋龙头企业"的生产营销模式；在旅游产业发展方面，规划主要涉及乡村旅游服务基础设施，依托茶叶种植、生产、加工场地和流程的采摘、制作、茶饮体验，依托村落自然地理特征的观光和生态体验，根据研学、教育、休闲等旅游目的进行规划。目前武夷山国家公园周边社区的乡村规划建设也存在着一些问题：第一，乡村规划建设主要围绕本村的基础设施建设为主，未考虑国家公园内基础设施等管理问题；第二，规划各自为政，没有考虑到村落间的产业同质化竞争，没有实现统一联动规划；第三，没有深入考虑国家公园的功能区划，对自然景观和生态系统价值考虑较少。

5.2.2.2　国家公园生态移民与多元生态补偿情况

（1）生态移民

甘肃省制定了《祁连山自然保护区核心区农牧民生态搬迁工程建设及资金补偿方案》，采取"一户确定一名护林员、一户培训一名实用技能人员、一户扶持一项持续增收项目、一户享受一套住房"的惠民政策。祁连山国家公园甘肃省片区核心保护区应开展生态移民搬迁940户2936人，截至2020年7月底，已搬迁农牧民266户846人，已搬迁人数占应搬迁人数的28.81%。截至2021年4月底，祁连山国家级自然保护区甘肃片区实现了核心区牧民全部搬迁。祁连山国家公园青海省片区已制定生态移民搬迁实施方案，截至2022年年底，已完成458户4个村集体的协议签订工作，占计划搬迁户的81%，已完成搬迁94户。

2020年，武夷山国家公园管理局争取省财政资金351万元用于光泽县寨里镇大洲村大洲组11户49人生态移民搬迁，9月底完成房屋拆迁，移民自愿选择安置点，分别在大洲村国家公园外围部分和光泽县县城购买商品房（图5-1）。搬迁不涉及生产资料，仅就居民地进行移动，不影响正常生产秩序，搬迁较为顺利，目前拆除区域全部完成造林绿化。

图5-1　光泽县大洲村待拆迁房屋（2019）（摄影：何思源）

（2）生态管护岗位

祁连山国家公园结合精准扶贫设立管护员（图5-2）。其中青海片区共聘用1265人，其职责划分包括天保工程管护、公益林管护、湿地管护、草原生态管护等；各县根据各自实际情况设置了专职管护员、义务监督员、宣传员等社会服务公益岗位。甘肃片区将现有草原、湿地、林地管护岗位统一归并为生态管护公益岗位，根据《甘肃省建档卡贫困人口生态护林员管理细则（试行）》，通过中央财政或省级财政安排补助资金购买劳务，聘用原住居民特别是建档立卡贫困户参与森林、湿地、沙化土地等资源管护服务，截至2020年年底，祁连山国家公园甘肃省片区内共选聘生态护林员1202名。

根据《武夷山国家公园条例（试行）》规定，武夷山国家公园管理局从周边社区公开择优招聘生态管护员、哨卡工作人员。截至2020年7月底，生态管护岗位共设155个，其中，生态管护员76人，哨卡工作人员27人，生态公益林管护员52人。护林员中90%为本村村民，约60人；管护员在当地也称为巡护员，是专门聘用的执法人员，人数60人，年均工资4.5万～5万元，均由省财政拨付的公益林管护资金予以支付；执法支队拥有事业编制70人，巡护平均面积5000亩/人，3～5天巡护一次，同时负责招聘前两类生态管护人员。

图5-2　祁连山国家公园野牛沟管护站（摄影：何思源）

（3）祁连山国家公园相关生态补偿概况

青海片区在矿业退出补偿方面由青海省自然资源厅等7部门联合印发《三江源祁连山等自然保护区矿业权退出补偿及环境恢复治理实施方案》，涉及祁连山国家公园范围内的78宗矿业权已全部停止勘查开发活动，并由省政府印发了矿业权分类处置办法。甘肃片区依照《关于开展全省各级各类保护地内矿业权分类处置的意见》（甘政办发〔2018〕85号），结合自然资源部、国家林业和草原局印发的《自然保护区范围及功能分区优化调整前期有关工作的函》（自然资函〔2020〕71号）有关要求，对国家公园范围内115宗矿业权分类退出93宗，剩余22宗现均已关闭，大部分已完成植被恢复治理工作。对未退出的矿业权分别制定了退出办法，计划在2020年年底前完成工作任务。

在生态保护补奖方面，青海片区省财政厅、省林业和草原局2018年、2019年陆续下发林业改革发展及林业生态保护恢复资金，对天保、公益林管护费进行切块下达。甘肃省政府印发了《甘肃省落实新一轮草原生态保护补助奖励政策实施方案（2016—2020）》和《甘肃省草原生态保护补助奖励资金管理实施细则》，对祁连山国家公园相关社区居民共下达补助奖励资金4.15亿元，实现草原减畜21.97万单位；针对涉及国家公园的林草重叠区域制定了《祁连山国家公园体制试点甘肃省片区"一地两证"问题整治实施方案》，解决了林草"一地两证"问题。同时，将2018年公益林区划落界后界定的符合标准的省级公益林全部纳入森林生态效益补偿补助范围。甘肃片区在国家公园盐池湾党河湿地新开展湿地生态效益补偿，标准为每人1.6万元，完善了生态补偿保护制度。在流域横向补偿方面，甘肃省制定了《甘肃省流域上下游横向生态保护补偿试点实施意见》，推进祁连山地区黑河、石羊河流域开展上下游横向生态补偿试点。

此外，甘肃片区已对42座水电站进行分类处置，对4处旅游设施规范运营。青海片区针对野生动物损害补偿，在国家公园范围内实施《青海省重点保护陆生野生动物造成人身财产损失补偿办法》（省政府81号令），同时利用林业生态保护恢复资金对野生动物危害等造成的损失给予农牧民补偿。

（4）武夷山国家公园相关生态补偿概况

武夷山国家公园涉及生态公益林总面积839227亩，原自然保护区范围内补偿标准为26元/亩，其余为23元/亩，未划入生态公益林的天然林面积为38601亩，为天然商品乔木林，补偿标准为20元/亩。武夷山国家公园试点区推动以赎买、租赁等方式规范集体土地流转。截至目前，武夷山国家公园管理局已收储九曲溪上游保护地带人工商品林2249亩，参照生态公益林进行保护管理。国家公园管理局进行毛竹林地役权管理，加强资源集中统一管理。根据武夷山国家公园管理局《武夷山国家公园集体毛竹林地役权改革实施方案》《关于武夷山国家公园提高国有林地（林木）比例方案》，截至2020年6月底，毛竹地役权管理面积为10210亩，位于武夷山国家公园内黄坑镇坳头村，合同期限自2020年1月1日起至2029年12月1日止。补偿标准为118元/亩。在地役权管理期间，村民不能够对毛竹林地或林木进行任何形式的经营利用，包括挖竹笋，砍伐毛竹，如有上述行为，分别扣除补偿金100元和200元；如村民因监管不力导致上述行为发生，则分别扣除补偿金50元和100元；管理局也不能将毛竹林转包给第三方经营。

在野生动物损害补偿方面，武夷山国家公园管理局于2020年7月28日印发了《武夷山国家公园陆生野生动物造成公民损失补偿方案（试行）》，对造成的农作物或者经济林木损失，经管理局生态保护部核实并提请第三方机构认定后，予以损失额50%的补偿，补偿费由计财规划部向上申请或安排预算，但不涉及野生动物对人身安全的损伤补偿。

5.3　国家公园社区对传统产业发展现状的主观认知

5.3.1　祁连山国家公园牧民对畜牧业当前发展的认知

对祁连山牧民生计策略与产业转型进行问卷调研，共收到有效的代表性问卷12份，被访者均为男性，来自青海省祁连县。尽管样本有限，但结合定性访谈过程中的信息饱和状况，具有很强的代表性，以描述统计分析能够反映典型问题。

5.3.1.1 牧户生计资本状况

（1）人力资本

受访者家庭人口中位数4人，最多8人，最少2人。家庭全部人口教育状况中，小学及以下学历的平均值最高，达到56.8%，其次是初中学历，平均为26.9%（图5-3）。从家庭主要劳动力情况看，19～60岁的主要劳动力比例平均达到60.7%（图5-4）。

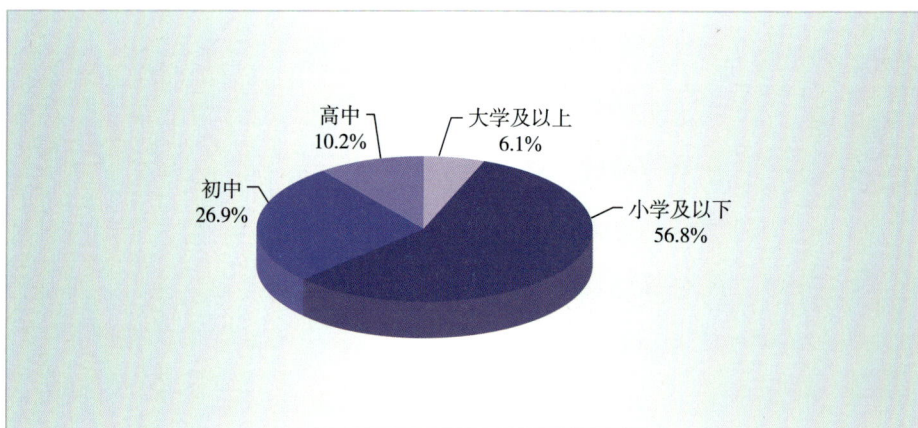

图5-3 祁连山国家公园受访牧户家庭人口各学历比例平均值

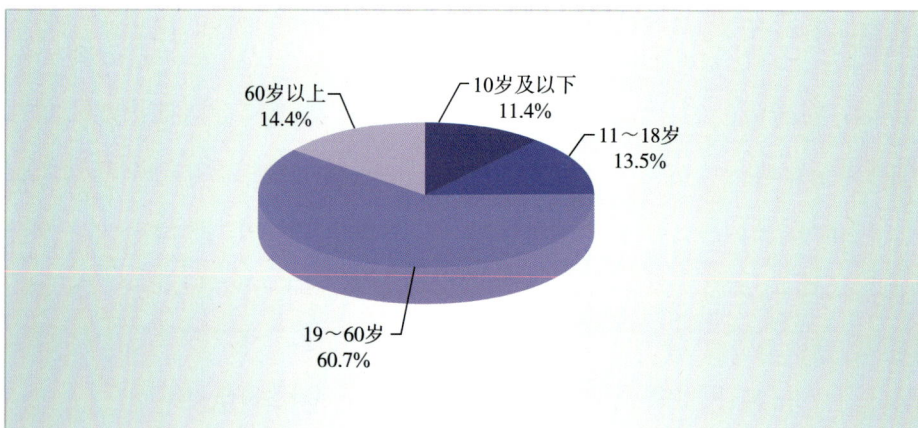

图5-4 祁连山国家公园受访牧户家庭人口劳动力比例平均值

（2）自然资本

受访牧民平均承包草场面积为 3237 亩，最多为 4723 亩，最少为 887 亩，结合村委访谈，受访牧民草场拥有面积均处于中等以上水平。其中 50% 以上的牧民有禁牧和草畜平衡草场，禁牧草场涉及受访牧民草场总面积的 27.8%，草畜平衡草场占 50.2%。对于草场质量，33.3% 的牧民认为其所拥有的草场至少是比较好的，但半数牧民认为质量一般（图 5-5）。受访牧民家庭均放牧牦牛，平均拥有牦牛 117.7 头，有 11 户养羊，户均为 367 只，9 户家庭养马，户均为 4 匹。

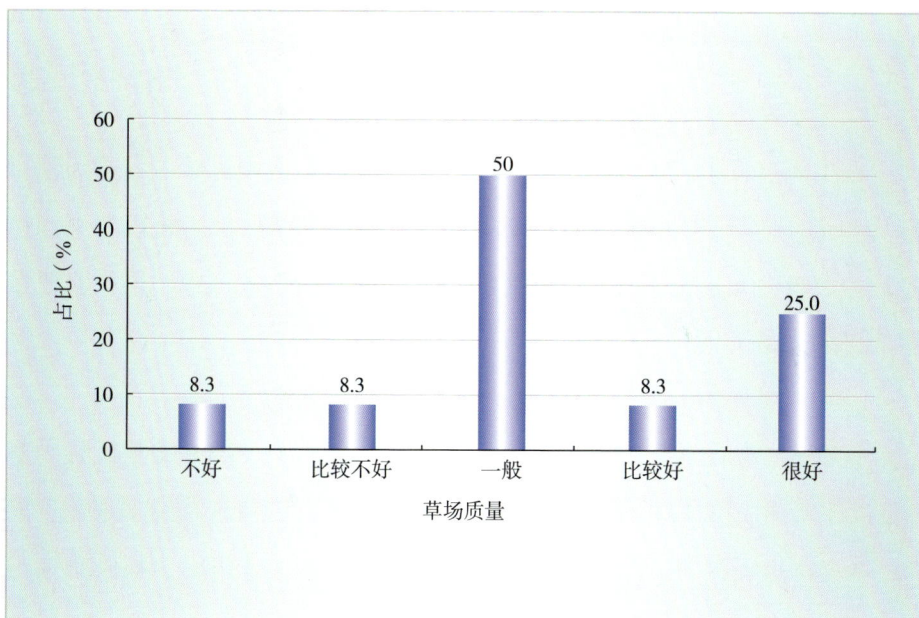

图 5-5　祁连山国家公园受访牧户草场质量

（3）物质资本

在问卷设置的 10 类常见家庭耐用品（图 5-6）中，电冰箱、洗衣机、汽车、电话/手机的普及率高于 70%，而空调、照相机和热水器的普及率最低，这与当地气候和牧民生计需求有关。家庭住宅平均面积为 120 平方米，最大为 250 平方米，最小为 40 平方米。由于样本较小，各类草场面积与牦畜、家庭住宅面积之间未呈现显著的相关关系。

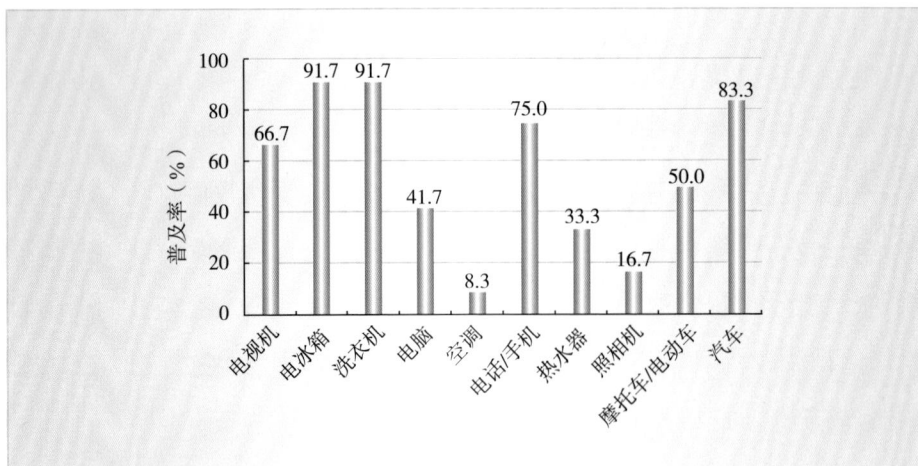

图5-6　祁连山国家公园受访牧户主要家庭耐用品拥有程度

（4）金融资本

在生产过程中，90%以上牧民进行借贷，但渠道相对单一，均为银行借贷和亲友借贷，其中银行借贷占两类渠道总数的83.3%。牧民的平均借贷额为15.9万元，范围在7万元到60万元之间。受访牧民中，购买农业保险的比例达到58%。

（5）社会资本

仅有27.2%的牧民加入了牧业合作社，同时仅有36.4%的牧民认为畜产品有长期稳定的售卖渠道。90%以上牧民认为自己与亲友经常来往，以5点李克特量表测算，平均分为4.36，与量表平均分3相比，牧民总体与亲友来往密切（$p<0.001$）。

（6）制度资本

90%以上的牧民认为目前有规范放牧的乡规民约，72.7%的牧民对传统畜牧业生产知识和技术比较了解，以5点李克特量表测算，其平均分为4.00，与量表平均分3相比，牧民总体上拥有较好的传统知识（$p<0.05$）。

5.3.1.2　国家公园管理下的风险认知

在调查期间，牧民对畜牧业面临的自然、市场和政策风险存在不同的认知（图5-7）。总体而言，以5点李克特量表测算，牧民识别的风险从高到低分别为生态移民（3.36）、畜产品价格（3.27）、自然灾害（3.18）、放牧管控（2.91）、牧业以外的生计渠道（2.64）和大病医疗（2.36）。从统计上看，牧民认为后三类风险程度不高，其他因素有一定风险。

因此，在当前的国家公园体制建设中，牧民从事畜牧业生产时对生态政策，特别是直接影响长期以来所从事的传统生计的移民政策，以及市场波动和自然条件较为敏感。同时，从对有没有畜牧业以外的生计渠道的风险认知程度看，牧民似乎认为自己不太可能脱离畜牧业发展，也从一个侧面反映了牧民对牧业生计方式消失这一风险较高的评价。

从风险认知的分布情况看（图5-7），牧民对大病医疗表示不担心的比例最高，表明目前人力资本相对稳定；对生态移民和放牧管控的政策风险很担心的比例最高，说明政策风险仍然是影响牧民生计的主要原因。值得注意的是，近十年来开展的草原补奖政策所实施的生产管控措施和强度，目前来看在牧民中引起了比较明显的两极分化的风险认知，显示出"一刀切"的生态补偿政策对于拥有不同生计资本的牧民的影响程度可能不同。研究还发现，牧民对生态移民的风险认知与对自然灾害、放牧管控的认知有显著正相关性（$p<0.05$），而这些风险都是直接影响畜牧生产的因素。

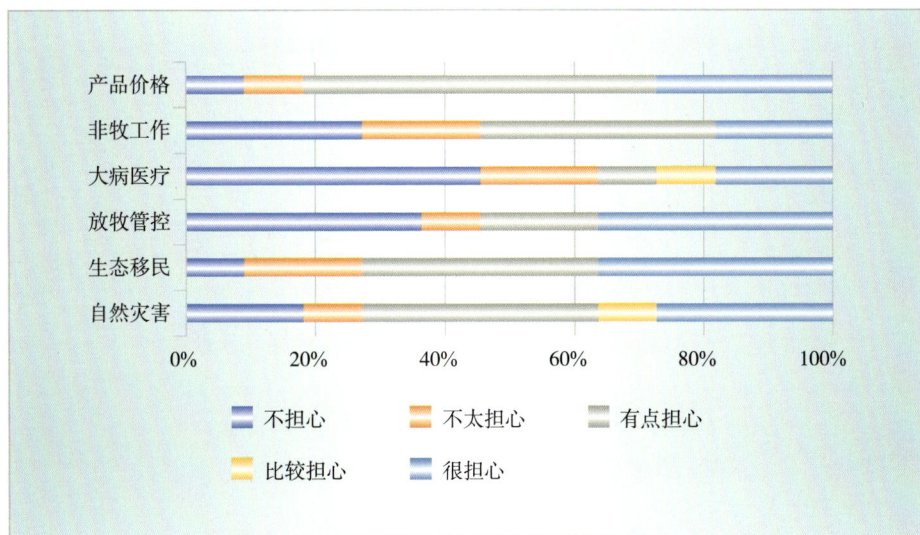

图5-7　祁连山国家公园受访牧户的风险认知分布

5.3.1.3 社区产业现状和发展认知

（1）主要生计来源与家庭收入

对受访牧民家庭的收入主要来源渠道进行分析（图5-8）发现，75%的受访牧民将畜牧业视为其家庭收入支柱。畜牧业作为收入来源的重要性与其他产业和生计方式具有显著区别（$p<0.001$）。除了畜牧业外，其他的利用自然资本寻求收益的方式，如从事种植业等农业生产和将家庭拥有的草场出租，都不是主要的生计方式；当地牧户外出务工比例也非常低，进一步凸显了畜牧业的绝对优势。在其他产业和生计方式中，草原补奖等生态补偿覆盖率达到100%，是除畜牧生产之外最为重要的收入来源。此外，旅游业从业的普及性是除畜牧业外相对最强的，有半数家庭表示从事相关工作。旅游业虽然没有成为任何受访家庭的支柱产业，但41.6%的受访家庭认为这至少是一般的生计补充。由此可见，畜牧业目前是主导产业，生态补偿是常规的生计补充，旅游业是最为普遍的生计补充方式。受访牧民家庭年收入平均达到17.3万元。

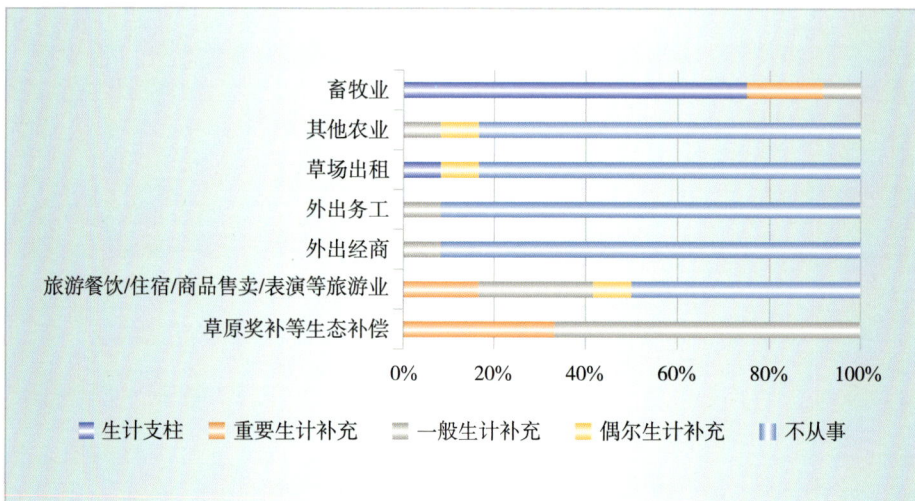

图5-8 祁连山国家公园受访牧户生计重要性认知

（2）国家公园管理下畜牧业发展认知

在调研过程中，国家公园内牧民对社区产业发展各方向表现出不同的态度，但对问卷设计的每一产业发展描述的认知都相对集中（图 5-9），呈现出相对一致的态度。牧民对各项描述总体都表现出认同，但对草场面积不宜扩大的认同在家庭间差异最大，对此描述表示不予认同的牧民比例最高。从 5 点李克特量表评分测算，牧民对此描述的总体态度最为消极，仅为有点同意（3.33）。对关于畜牧业发展的其他论述，牧民总体未出现不认同的态度，但认同程度不同。其中，对牲畜数量不宜再增加的态度相对最不积极（4.17），极为认同畜牧业作为家庭收入的首要来源（4.83）和发展以草原为基础的其他产业（4.83），对畜产品的精深加工和畜牧业的质与量的权衡也表现出比较积极的态度（均为 4.75）。

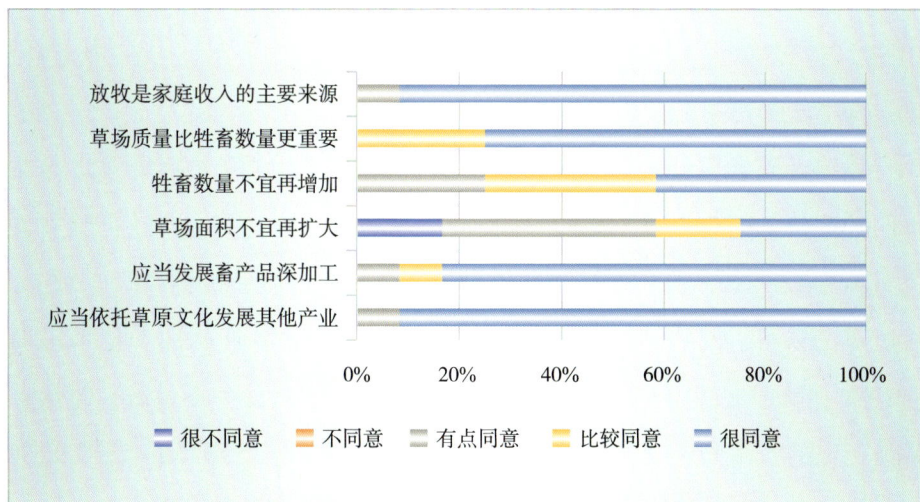

图 5-9　祁连山国家公园牧民的传统产业发展认知

（3）牧民生计决策的主要影响者

从牧民生产决策的影响者来看，以 5 点里克特量表测算其平均分的方法因样本较小，不存在显著差异（图 5-10）。从绝对评分看，影响较大的三个群体依次是家人（4.50）、市场需求（4.33）和村领导（4.08）。这可能是因为畜牧业当前还是一个比较粗放的形态，产品没有非常明显的市场导向，延续传统形态和家庭自主决策即可满足生产需求，不存在太多需要征求意见进行更为复杂的资金、技术等方面的决策的情况。

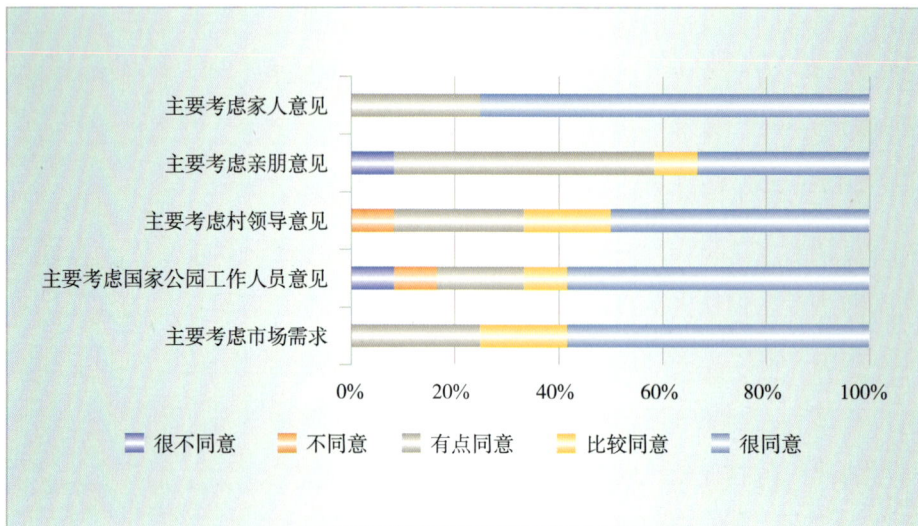

图5-10　祁连山国家公园牧民产业决策的主要影响者

（4）牧民产业发展能力和保障认知

牧民对问卷设计的畜牧业转型升级的各项能力建设和政策保障存在不同的评价（图5-11）。以5点李克特量表测算，相对而言，在自然灾害应对（4.42）、畜产品市场信息（4.33）等畜牧业自然、市场风险应对上，牧民最为认可。对畜产品精深加工的产业扶持，如畜产品加工技术培训（4.08）和资金支持（4.00）的认可度有所降低，但差异并不显著；对从事其他产业的技术和资金帮扶政策的认可程度则进一步下降（3.75，3.92），表明目前产业发展政策比较侧重于传统畜牧业本身，尚未对畜牧业进行产业的纵向和横向拓展。

牧民对生态补偿类型（3.75）和数量（3.00）的认可度则进一步降低，特别是对补偿数额的认同显著低于除其他产业职业培训与生态补偿类型外的政策认知。可见牧民对直接的资金支持数量和类型比较敏感。同时，牧民在对一些政策现状的认知上存在相关性，牧民对畜产品市场信息获得与自然灾害应对、生态补偿类型的认知具有正相关性，这可能说明牧民对市场、自然和生态政策风险的认知具有联动性；对畜产品精深加工的技术支持的态度与对其的资金支持、对其他产业的技术支持具有正相关性，与对后两者的态度也呈正相关；同时，与对其他产业扶持的资金和技术政策的态度也为正相关。在产业扶持政策方面的认知相关性，则显示出这些政策信息在发布时可能具有同步性或者关联性，让牧民感到资金与技术联动，畜牧产业与其他产业融合协同。

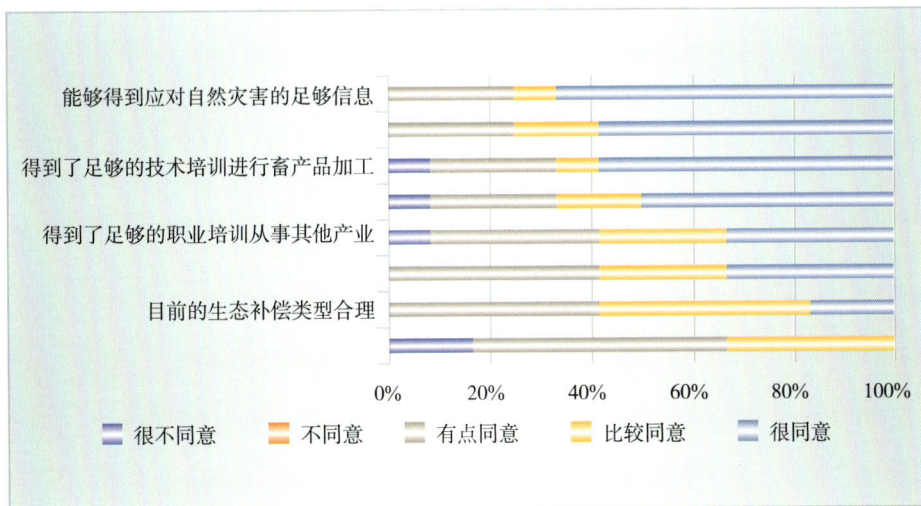

图5-11　祁连山国家公园牧民产业发展能力和保障认知

5.3.2　武夷山国家公园茶农对茶产业当前发展的认知

对武夷山茶农进行生计策略与产业转型问卷调研，共收到有效的代表性问卷23份。其中，男性受访者16人，女性7人，分别占70%和30%。受访者平均年龄39.8岁，最大的51岁，最小的27岁，均为主要劳动力年龄段。受访者85%以上来自武夷山市，3个来自建阳区黄坑镇，涵盖武夷山市星村镇星村村、黄村村、洲头村、程墩村、桐木村，武夷街道天心村、柘洋村、樟树村，建阳区黄坑镇坳头村、大坡村，绝大部分为武夷山国家公园内及其周边2千米范围内的村镇，结合深度访谈的信息饱和度，样本具有很高的代表性。

5.3.2.1　茶农生计资本状况

（1）人力资本

受访者家庭人口中位数4人，最多7人，最少3人。从受访者家庭人口教育状况看，小学及以下学历在各家庭的平均值最高，为34.7%，其次是大学及以上学历，平均达到半数以上（图5-12）。从家庭主要劳动力程度看，19～60岁的主要劳动力比例平均达到63.3%（图5-13）。

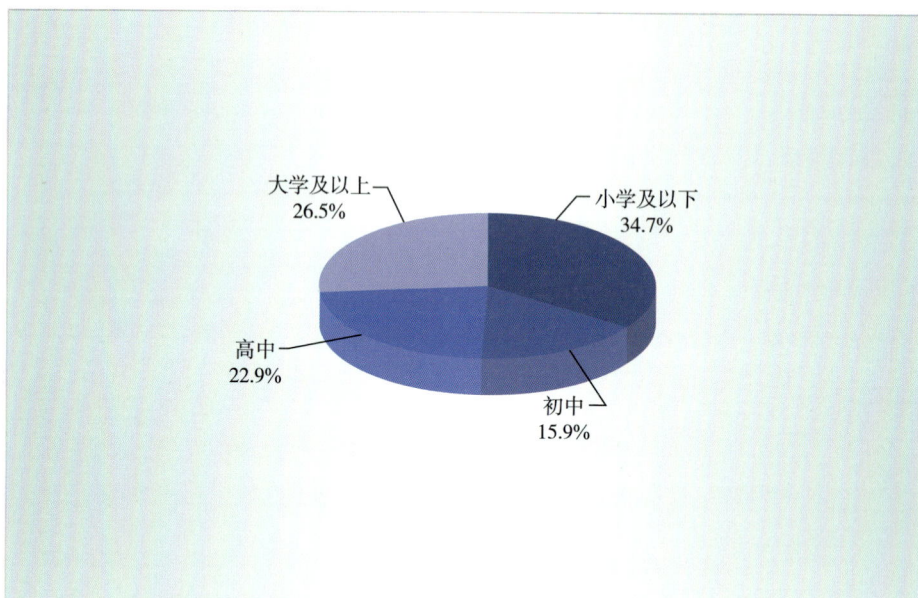

图5-12　武夷山国家公园受访茶农家庭人口各学历比例平均值

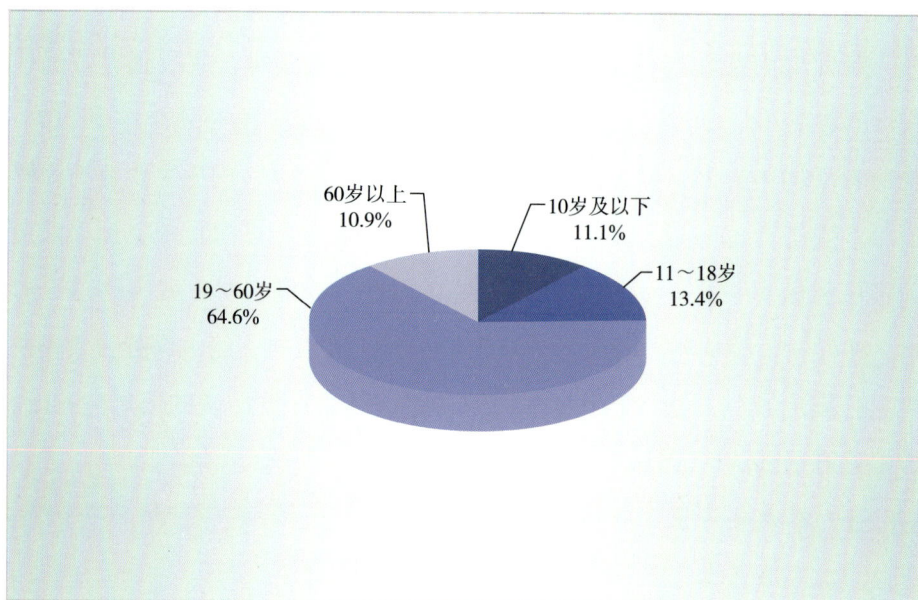

图5-13　武夷山国家公园受访茶农家庭人口劳动力比例平均值

（2）自然资本

在访谈中，除一户受访者为规模化的茶企，茶山土地面积通过承包、租赁等方式达到1100亩以外，其他受访茶农均为小规模经营者，平均拥有茶山面积为29.6亩，最多的为65亩，最少的为10亩，结合村委访谈，这一土地面积的区间是茶农比较普遍的生产规模（图5-14）。对于茶山质量，78.3%的茶农认为是比较好和很好的（图5-15），总体而言对茶山质量的满意度比较高。

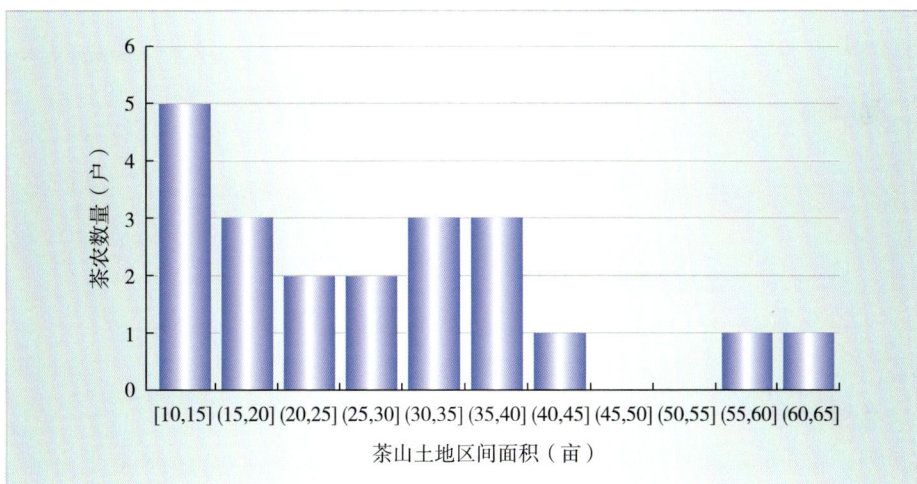

图5-14　武夷山国家公园受访茶农茶山土地面积分布

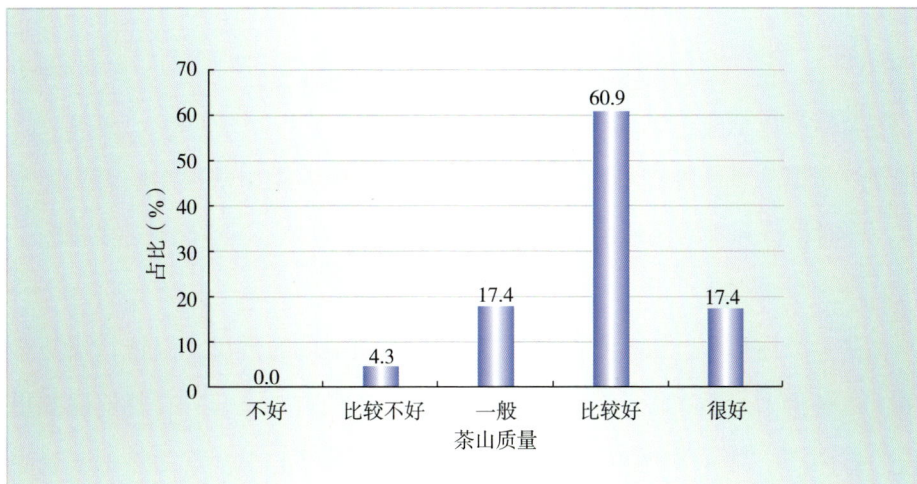

图5-15　武夷山国家公园受访茶农的茶山质量

（3）物质资本

在问卷设置的10类常见家庭耐用品中（图5-16），电视机、洗衣机、电话/手机、热水器的拥有率为100%，照相机普及率最低，耐用交通工具拥有率达到70%以上，其他电器拥有率也都达到90%以上。

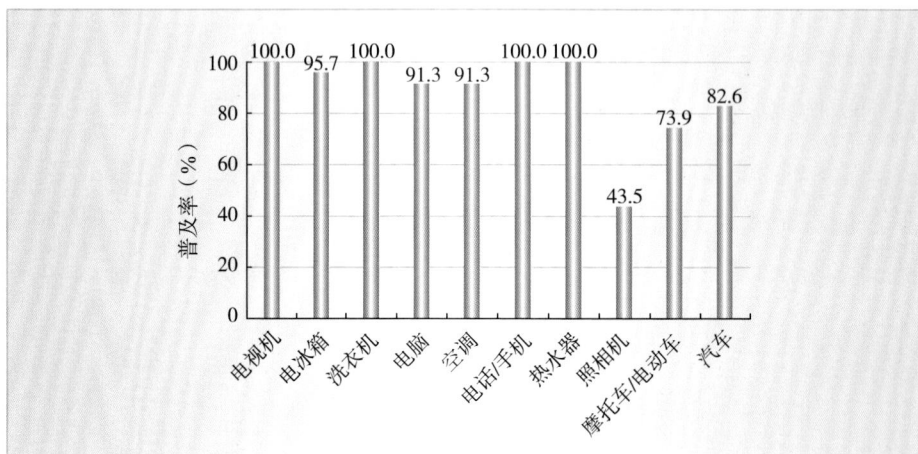

图5-16　武夷山国家公园受访茶农主要家庭耐用品拥有程度

受访茶农的制茶设备价值平均为27.1万元。78%的受访茶农认为自己有可以用于生产的厂房，平均面积为221.3平方米，最大的为800平方米，最小的为20平方米。去掉声称没有设备和厂房、主要从事青叶售卖的5个受访者，其余18个茶农的茶山面积与厂房面积呈显著的正相关（$R=0.513$，$p=0.029$），其设备价值与厂房面积呈现显著的正相关（$R=0.531$，$p=0.024$），厂房面积与住宅面积也存在显著的正相关（$R=0.621$，$p=0.006$）。可见，大部分茶农都从事从种植到生产、加工的多种工作，茶山规模影响着生产成本，同时生产和生活用地规模高度相关，生产空间和生活空间紧密关联。

（4）金融资本

在生产过程中，80%以上茶农都存在不同渠道的借贷，以银行借贷最多，占各渠道总数的65.4%，向亲戚朋友借贷的有29.5%，有其他民间借贷的有两户。除一户向上述三类渠道借贷总额达到1500万元外，其余受访茶农平均借贷额为51.2万元，范围在5万元到280万元之间。受访茶农中，仅有一户购买了农业保险。

（5）社会资本

65.2%的茶农表示接受过亲友各类形式的帮扶。仅有34.8%的茶农加入了茶业合作社，但56.5%的茶农认为自己的茶叶有长期稳定的售卖渠道。87.0%的农户认为自己与亲友经常来往，以5点李克特量表测算，平均分为4.04，与量表平均分3相比，茶农总体与亲友来往密切（$p<0.001$）。

（6）制度资本

56.5%的茶农认为目前有规范茶叶种植的乡规民约，56.5%的茶农也认为自己对茶叶生产传统知识和技术比较了解，其平均分为3.78，与量表平均分3相比，茶农总体上拥有丰富的传统知识（$p<0.001$）。

5.3.2.2　国家公园管理下的风险认知

在调查期间，茶农对茶产业面临的自然、市场和政策风险存在不同的认知（图5-17）。总体而言，以5点里克特量表测算，茶农识别的风险从高到低分别为自然灾害（3.74）、茶叶价格（3.65）、大病医疗（3.61）、生态移民（3.17）、茶山管控（3.04）和茶叶以外的生计渠道（2.87）。从统计上看，茶农认为后两种因素基本没有带来产业风险，其他因素会带来一定的风险，但程度不高。

可见，茶叶生产目前对于自然条件、市场波动和人力资本的依赖仍然是最强的。同时，国家公园相关生态管控实际上是继承了近40年来的自然保护地管理与社区发展的相互协调，对于长期浸润于保护地管理措施的茶农而言，当前的管控措施和强度不是一个影响产业发展的首要风险，也侧面体现了当地生态政策相对的稳定性和延续性。从对有没有茶产业以外的生计渠道表征的生计风险认知看，目前茶产业仍然存在一定的风险，半数茶农基本不考虑茶产业以外的生计方式，但仍有半数受访茶农对这种生计的相对单一性表示了担忧，25%的受访者甚至表示很担心。

从风险认知的分布情况看，茶农对自然灾害存在不同程度的担心，表明自然条件可能是最难以预期和管理的风险。相对而言，对有没有茶业以外的生计方式表示不担心的比例最高，显示了茶产业目前的主导性和一定的稳定性。与生计多样性的认知相反，受访茶农对茶叶价格的波动表示出很担心的比例最高，显示了茶农对市场风险的敏感性。对各类风险因素的认知差异度最高的是茶业外生计方式和茶山管控，在有限的样本中出现较大的认知差异，对于前者而言，可能是由于茶农家庭整体情况存在差异，对于后者，则一般与茶山在国家公园内外的具体位置相关，关系到茶叶生产的自然环境条件。

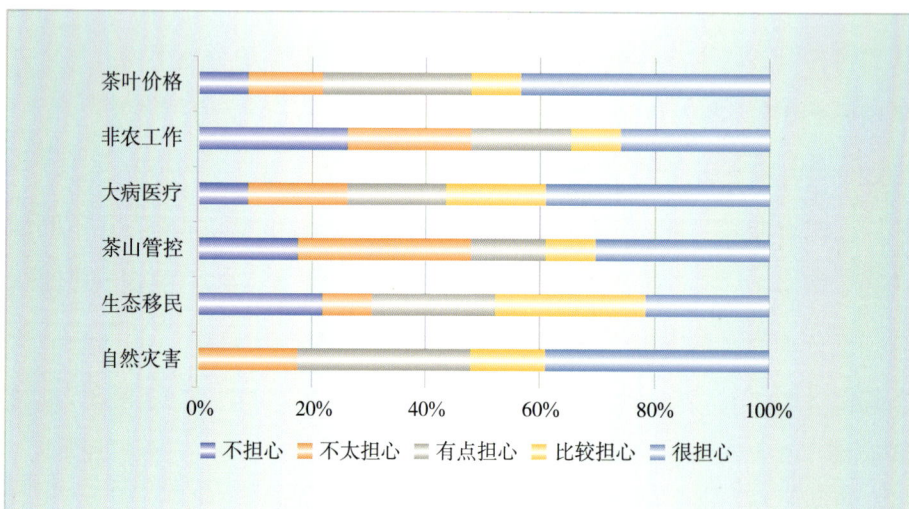

图5-17　武夷山国家公园受访茶农的风险认知分布

5.3.2.3　社区产业现状和发展认知

（1）主要生计来源与家庭收入

对受访茶农家庭的收入主要来源渠道进行分析（图5-18）发现，65.2%的受访茶农将茶产业定义为其家庭收入支柱，21.7%将其定义为重要收入来源。茶产业作为收入的重要性与其他产业和生计方式具有显著区别（$p<0.001$）。在其他产业和生计方式中，至少能够贡献生计的主要是一些与茶旅不相关的商业活动，以及从事与茶叶相关的旅游餐饮住宿和商品售卖，把两者作为一定生计来源的受访者达到受访总数的43.5%和34.8%。此外，三分之一的受访茶农认为产业补贴和生态补偿能够补充生计，并且

从总体重要性看，政策性补贴的重要性甚至高于从事旅游服务。对于受访茶农而言，外出务工和赚取土地租金相对而言最不重要，尽管有个别家庭以此为重要收入来源。由此可见，茶农目前的产业形态较为单一，紧密地依附于土地，基于从事其他产业，从业者上也倾向于在本地开展活动。受访茶农家庭平均年收入达到40.6万元。

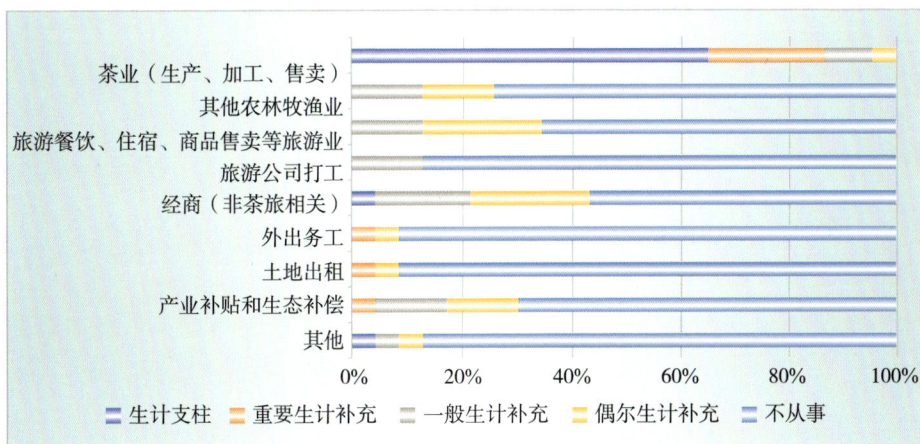

图5-18　武夷山国家公园受访茶农生计重要性认知

（2）国家公园管理下茶产业发展认知

在调研过程中，国家公园内茶农对社区产业发展各方向表现出不同的态度（图5-19）。以5点李克特量表评分测算，茶农在茶叶量与质的取舍中偏向于质（2.48），但对茶叶加工厂房不宜增加不是很认同（2.61）。茶农对其他茶业发展论述均倾向于认同，特别是对于茶园生态化的认同度是最高的（4.13），持反对态度的仅有一户，其次是对茶业是家庭收入的首要来源的认同（4.09）。值得注意的是，从不同态度的分布看，茶农对茶园生态化与面积控制的认同是最为一致的，表现了茶农对茶产业在种植阶段的生态管理的高度认可，但不同茶农对茶叶产量/质量权衡和茶叶生产加工管控的认同却存在很大差异，表明在国家公园管理下的茶产业发展中，与生态保护相协调的政策应当更多地向产业链中后端倾斜。此外，半数以上受访茶农对依托茶业开展旅游存在认同（3.65）。

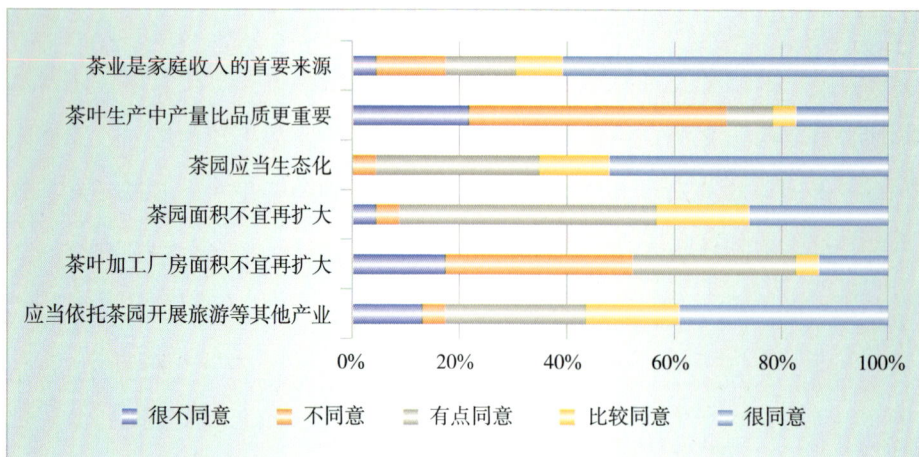

图5-19 武夷山国家公园茶农的传统产业发展认知

（3）茶农生计决策的主要影响者

从茶农生产决策的影响者来看，以5点里克特量表测算，市场消费者是影响最大的群体（3.48），其次是家人（3.3），两者的影响程度没有显著差异。可见，茶农生产决策以消费市场为导向，并且主要以家庭形式开展生产决策。从统计上看，村两委和国家公园管理人员对茶农生产决策的影响力是显著的（2.87，2.61），表明在国家公园管理中，乡村和保护地管理机构在引导产业发展上能够发挥一定的作用。但亲戚、邻居的意见则基本不会被茶农考虑（图5-20）。

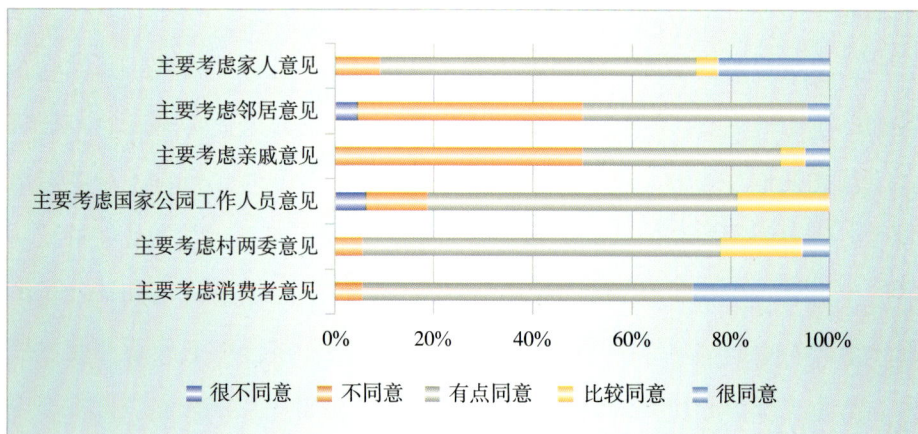

图5-20 武夷山国家公园茶农产业决策的主要影响者

（4）茶农的产业发展能力和保障认知

茶农对问卷设计的茶产业转型升级的各项能力建设和政策保障存在不同的评价（图5-21）。以5点李克特量表测算，相对而言，在茶叶种植生态化的技术和资金支持（3.3，2.91）、自然灾害应对（3.13）、茶叶市场信息（3.09）等茶产业本身的自然和市场风险应对上，茶农比较认可现有政策及其实施。对茶业以外的职业培训政策（2.78）则认可度有所降低，特别是对产业发展的资金扶持情况（2.48）的认同度显著低于对自然灾害、市场风险和茶产业生态化的技术培训；对生态补偿的类型（2.13）和数量（2.13）的认可度则显著低于除其他产业发展资金扶持以外的所有调查的政策措施，在统计上，受访茶农不认可现有生态补偿。可见，茶农对涉及直接的资金支持和补助的政策比较敏感，对现状认同感低，作为受到国家公园建设直接影响的社区的获得感不高，另外也说明未来如果实施资金支持，其边际效益可能在短期内相对较高。

同时，茶农在对一些政策现状的认知上存在相关性，茶农对自然灾害应对、茶山生态化支持和茶业市场信息获得的认知具有正相关性，显示出茶山生态化建设本身包括了减轻自然和市场风险的目标，或其后果有利于减轻风险，因此茶农对上述政策现状具有较为趋同的认识；对茶山生态化的资金支持的态度与对其他产业的技术和资金扶持具有正相关性，与对后

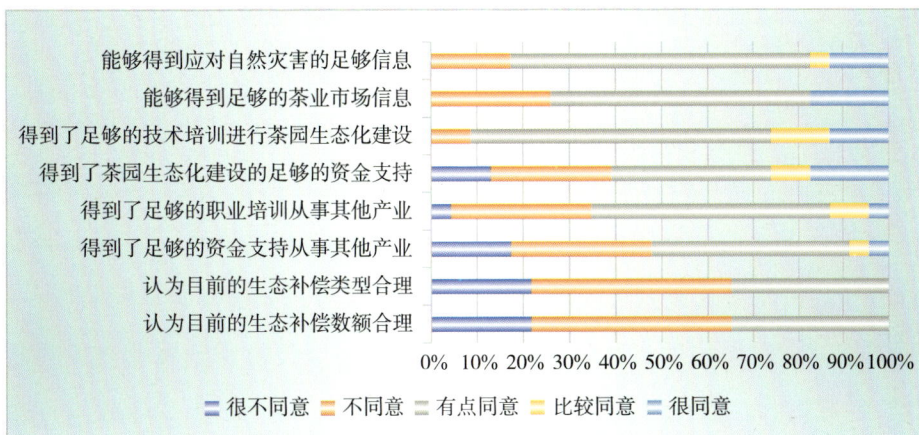

图5-21　武夷山国家公园茶农产业发展能力和保障认知

两者的态度也呈正相关，显示茶产业生态化政策可能与其他产业发展政策在同时推进。

5.4 国家公园传统产业转型发展问题与方向

基于历史视角、文献材料、结构化问卷与深度访谈等方法得到的数据和分析，课题组对祁连山、武夷山国家公园体制试点区面向国家公园管理目标所面临的传统产业转型升级发展问题进行进一步解读，并根据所提出的国家公园社区产业发展模型分析畜牧业与茶产业的经营观念转变方向和产业多功能拓展目标。

5.4.1 祁连山国家公园传统产业转型发展面临的主要问题

其一，在进行政策设计时，对生态学研究和现有科学证据的解读动态性不足，导致在国家公园严格保护区进行了一刀切式的禁牧。以肃南为例，在草原补奖政策实施近十年来，草原站监测数据显示，禁牧区牧草高度由2011年的9.1厘米长到14.1厘米，盖度由70%达到80%，产草量由82千克达到108千克；草畜平衡区的优质牧草也达到58%以上。然而，在禁牧十年后，部分草原存在腐殖质层加厚、发霉现象，导致新草难以萌发；温湿度有利于灌木进入，导致牧草存活压力大，优质牧草流失；禁牧草场缺乏牛羊踩踏将草籽带入土壤。当地生产实践表明，5～7年是较为合适的禁牧周期，适宜据此进行轮牧轮封，同时，从实际草场情况出发，动态化的测定生态承载力，达到以草定畜。

其二，对严格保护区居民开展生态移民搬迁时，后续产业发展配套措施不够完善，导致搬迁牧民在物质与精神上出现诸多不适应。第一，搬迁政策缺乏差异性。不同地区存在牧民的观念差异和发展水平差别，同质的搬迁政策使得牧业发展成熟、收入高的搬迁户，如肃南县马蹄藏族乡，对国家公园建设的生态红利存在疑虑，存在心理失衡和归属感丧失问题（图5-22）；尚未搬迁地区，如青海省祁连县，牧业生产人均年收入可达3.2万元，缺乏搬迁动力。第二，产业规划没有与牧户能力、需求和区域

图5-22　冷清的肃南县城（摄影：何思源）

社会经济特征相匹配。①牧业发展成熟的搬迁牧民大多不愿完全脱离牧业，提出开展就地规模化舍饲养殖，但目前这一产业规划难以实施。例如，在甘肃片区肃南县，由于缺乏黑河流域初始水权，因用水约束，难以建立舍饲养殖所需的饲草料基地和设备设施；此外，人畜分离的距离要求、粪污设施、用水等土地空间都难以配套。②由于打工的理念并不深厚，其他就业技能培训难以在传统观念下产生实效，每个搬迁户平均都会有1~2个闲置劳动力。③牧区小城镇区域空间本身难以发展规模性产业，县域人口少，常见的门市类经营产业缺乏足够的消费人群；而生态工业园区因现代化、自动化水平高，劳动力吸收能力有限，且对劳动力素质相对要求较高。第三，搬迁补偿种类和数量不足，缺乏长效机制。牧民脱离传统牧业后，生活成本显著上升，可达原来的10倍至20倍，但得到一次性搬迁补偿后，后续稳定收入来源少。以肃南某搬迁户为例，原有年收入约为20万元，搬迁时一次性变卖牲畜获利约20万元，收到用于购买楼房的搬迁安置补偿费约20万元，目前年收入稳定来源仅为草原补奖8万元和一名生态管护员工资3万元，同时却因脱离草原而失去牛羊粪，导致燃料成本增加，肉食购买成本上升，虫草、黄蘑菇等草原采集收入减少，城镇生活交通成本增加。

其三，在规划后续生态移民搬迁时，由于前期产业转型和生计发展问题尚未解决，当前生态移民推进较为艰难。第一，缺乏后续搬迁资金。经甘肃片区测算，移民搬迁一户一次性一般需要40万～50万元，以地方政府财力难以为继。第二，缺乏安置与产业发展土地空间。自1983年草场分配到户以来，地方公共发展空间紧缺，国家公园外围地带除行政村所在地外，以基本农田和宅基地为主。在认识到前期搬迁牧民牧业集约化发展需求后，目前面临房屋与舍饲棚圈无处安放的问题。第三，缺乏有效的产业转型方向。从观念来看，40～50岁的牧民脱离传统牧业后难以从事其他产业，就地开展种养殖业存在土地缺乏问题，公益岗位目前门类仅限于草原生态管护并且职位有限，总体而言，"搬得出、稳得住、能致富"仍面临诸多挑战。

其四，传统畜牧业受到长期的生态保护政策影响，在国家公园体制进一步约束下，产业维持和发展成本提升，生态改善尚未促进生计发展。第一，草原补奖资金不足以弥补购买草料或租赁草场的成本。以青海省祁连县为例，禁牧补偿因草场类型不同，在10元/亩到12元/亩之间，草畜平衡补偿为2.5元，租赁草场40～45元/亩；如果不租赁草场，则需继续使用冬春草场，冬季就需要购买饲草料，花费为60～100元/亩。第二，野生动物与牲畜存在竞争。随着生态保护成效的显现，草食动物与牲畜的食物竞争逐渐明显，野生动物啃食量因动物种类、草原类型等因素难以得到合理测算，无法提出确切补偿标准。例如，在青海祁连县大浪村油葫芦一社，由于四季草场都集中分布在油葫芦沟，草食野生动物啃食后牲畜面临的缺口相对更大。第三，野生动物损害赔偿机制不完善。以肃南县为例，野生动物损害赔偿申请有最低损害程度要求，但这一门槛一般难以达到；同时，财政对这一项目缺乏专项资金，在主管单位林草部门认定后事实上无法兑现赔偿。第四，乡村生产生活设施更新维修政策难易执行。国家公园体制试点建设过程中，自然资源部、国家林业和草原局印发《自然保护区范围及功能分区优化调整前期有关工作的函》（自然资函〔2020〕71号）不允许在核心区进行基础设施建设，但对过渡期的设施修缮、生计活动、民生基础设施维护等准许开展。然而，执行中对乡村桥梁、道路修缮，农牧民房屋建设修复，畜棚翻新与改建，乡村环境整治，人畜饮水设施更新等涉及生产、生活条件提升改善的项目在审批时经常一刀切地不予批准。

其五，传统畜牧业集约化、生态化发展不足，以生态价值为基础的品牌效应不突出，国家公园生态保护下的生态红利尚未通过市场机制实现。第一，畜牧业生产基地规模较小，标准化生产推广不足。以祁连县为例，依托全国草地生态畜牧业专业合作社的建立和家庭农场发展，能够通过规模生产进行一定程度的劳动力解放，拓展销售渠道，并与私营企业联动，专注于饲草料补充、牛羊贩运、畜产品加工等，生产酥油、牛肉干、酸奶等，但成熟的只有一家，其他合作社发展较为缓慢，畜产品加工以家庭作坊为主，在提升专业分工，解放劳动力投入三产方面还有空间。第二，畜牧产品精深加工不足。牧民长期以来的自主经营、合作经营和家庭牧场经营等方式下初级产品销售渠道相对稳定，收益较高，缺乏投入畜牧产品精深加工的动力，精深加工处于初级发展阶段，本地资本进入不足。如在肃南全县仅有一家获得国家许可的屠宰和副食品加工企业。以青海省祁连县峨堡镇为例，牛羊冷链加工初步开始发展，沙棘种植和加工以外来资本主导，仅为当地社区提供部分沙棘采集等季节性岗位。第三，地域品牌效应乏力，有机认证有市无价，生态价值尚未转化。祁连山国家公园所在区域的牛羊畜产品普遍通过行业部门进行了有机认证，部分品种和品牌取得省级著名商标、地理标志认证等，但以地理标志为主导的地域性特色目前已无法获得更高的附加值；行业有机认证无法从科学标准上体现产品生产流程中的稀缺、独特的生态环境价值，以祁连县为例，生长期4～5年的羊，其单位价格仅比6个月舍饲育肥的羊高一到两元。第四，牧民市场风险应对能力不足。牧民对市场需求信息了解不足，对新兴市场需求的反应滞后，对先进的农牧技术的接受较慢，难以应对生产资料和初级产品价格的波动。

其六，牧业多功能发展缓慢，传统牧业社区的区位优势和资源优势尚未发挥，国家公园生态保护还没有与社区产业发展形成良性互动。第一，祁连山国家公园生态体验和游憩整体发展思路不明确。鉴于国家公园生态保护第一的原则，目前国家公园内涉及营利性旅游服务的特许经营推进缓慢，国家公园的生态体验与游憩发展和持续开展的全域旅游的定位偏差不明确，原有代表性景观封闭，如八一冰川，旅游接待设施停止建设或不再审批，旅游设备设施不再维护更新，农牧民原有旅游经营收入、就业机会、接待服务收入减少。以青海省祁连县阿柔乡为例，畜牧业与旅游业相结合能够为牧民提供可观的收入，同时其经营理念、管理模式、食宿服务质量和卫生许可标准等已经在乡镇层面开始推行并受到监管，存在进一步投资和提升的诉求。此外，国家公园没有缓冲区规划，边界外围的文旅项目持续开展，如在祁连县大泉村，与园内规划没有衔接，造成国家公园内居民心理不平衡。第二，牧民在国家公园管理目标下提供生态体验与游憩服务的能力不足。牧区原有与现存旅游服务相对低端，如在扁都口、祁连草原公路沿线一带自发开展牵马，提供食宿等服务（图5-23）。从满足国家公园生态体验与游憩需求来看，以牧业为基础，牧民不但有机会提供住宿、餐饮、车辆、马匹等，还可以提供解说、手工艺品制作展示等涉及自然与文化价值的知识和技能，但对这些多元化、存在附加值的服务供给，牧民还缺乏资金、技术乃至观念来进行发掘和管理。

其七，从产业发展作为地方事权来看，地方政府及其相关各部门与国家公园管理机构在协调生态保护与社区传统产业提升、转型和发展上存在信息不对称与衔接不畅。第一，国家公园管理规划中以生态保护为先，但涉及社区产业发展的规划，缺乏在地方落地的明确的政策指导。地方政府负责规划和实施的特色小镇建设目前还没有明确的符合生态保护需求的建

图5-23　青海东部通往甘肃河西走廊的扁都口景观（摄影：何思源）

设标准，国家公园管理机构对此与地方政府的现场对接不足；地方政府承担主导责任的生态移民搬迁和矿业权退出的后续资金和组织保障不明确，地方政府在接受国家公园管理机构命令后难以提出实施方案；特许经营准入政策和实施方案还未推进，地方政府对于相关产业准入标准不明确。第二，国家公园各级管理机构还没有明确的管理职能和审批权限，对涉及地方产业和社区生计发展项目的审批流程不明确，导致地方政府部门前期项目停滞，新项目难以开展。在国家公园范围内，涉及社区产业和生计相关的项目包括但不限于垃圾填埋、污水处理等环保设施建设；道路、电力、水利等民生基础设施建设；农田沟渠等水利基础设施建设；道路、栈道、公厕等旅游基础设施建设；严格保护区内已有的基础设施、搬迁后涉及的防火通道等设施的维护；社区道路、桥梁等设施的修复和新建；生态友好设施的规划和修建；泥石流、河道治理、湿地保护等生态修复项目等。目前这些不同体量、形式的项目由于国家公园管理机构的职能和权限不明，在省一级层面难以得到批复，虽然下一步在国家公园总体规划的功能区优化调整时能够对部分道路等通过规划修编来调整其所处功能区，但无法从本质上解决问题。此外，地方政府实施的生态治理项目在划入国家公园严格保护区后，是否将生态治理职责转移到国家公园管理机构中也不清楚，但地方政府原本的土地利用计划业已无法实现，对高额的生态修复失去动力。第三，顶层对于国家公园管理政策缺乏统一的权威解读，没有相关规划标准，地方政府缺乏具体依据和动力开展产业转型发展。国家公园对于一般控制区和严格保护区的养殖规模、强度和方式都不明确；对移民安置建设规划标准、安置地水电基建和水电与污水处理成本、过渡期生活和生产安排、产业种类和规模没有详细规划；对入口社区的规模、功能定位和产业布局缺乏相关指导；对生态旅游模式、服务支撑与设备体系标准没有确定。

其八，从祁连山国家公园整体管理来看，甘青两省国家公园范围内社区传统产业发展推进不尽相同，缺乏一定的横向协调（图5-24）。共牧区管理需要国家进一步进行横向协调。共牧区隶属甘肃省，但历史上形成了两省共用的事实，被甘肃片区划入国家公园严格保护区，目前处于禁牧，其禁牧补奖所得归甘肃，青海也希望将其纳入草原补奖。

图5-24　祁连山国家公园青海片区管理相对完善（摄影：何思源）

5.4.2　畜牧业经营观念转变方向和产业功能拓展目标

在国家公园管理体制下推动祁连山国家公园内传统牧业转型，必须关注草地畜牧业系统与其中的草原、牲畜和牧民所建立的关系，而不是仅仅关注畜牧业生产本身；需要考虑国家公园广大范围内牧业和牧民分布的具体地理位置和自然、景观和文化资源特征，对牧民进行产业发展的差异化引导。在对当前祁连山国家公园体制建设进程中牧业与牧民所面临的问题进行分析后，研究提出祁连山国家公园牧业经营理念的转变方向和牧业功能拓展的主要目标。

其一，以现代科学研究为基础，以牧民传统知识、技术和实践经验为依据使畜牧业发展适度规模化、生态化。两轮草原补奖政策实施接近尾声，可以在此节点适时评估祁连山国家公园范围内的草地承载力，依据近 10 年来草地生态系统长期监测数据，对禁牧与草畜平衡草场现状进行评估，充分征询当地牧民意见，依据不同草场状况设定差异化的牲畜规模，探索实施草场轮牧轮封，减少生态移民。

其二，以建立国家公园品牌为目标，将传统畜牧业产品通过地域特色进行价值提升转变为通过生态稀缺性进行价值提升。祁连山地区牲畜产品长期以来发展地域特色，进行有机认证，但缺少对生态资源稀缺性的体现，可以通过国家公园品牌增值体系构建，约束牧民家庭牲畜规模，推动牧民与产业组织融合从而对家庭作坊式的奶、肉粗产品加工进行规范和规模化，也可通过促进当地资本投入屠宰加工运输全产业链的发展和皮毛肉等精深加工，让国家公园品牌与农区舍饲圈养产品具有明显的区分度。

其三，以牧业传统知识为基础，匹配和提升牧民能力，拓展牧业多功能性，在畜牧产品供给之外，探索生态保护、生态体验、文化传承、科教示范等服务型三产。祁连山国家公园涉及广大社区，民族成分复杂，文化底蕴深厚，自然景观独特。牧业不仅是生产方式，更是生活方式。牧民对自然生态系统的知识和经验能够让他们担当生态管护员从事生态保护、科研监测、环境教育等工作；对这些传统知识进行发掘、总结和提炼，能够成为生态体验规划的重要参考和体验内容；这类知识供给可以在国家公园建立后成为牧业功能拓展、牧民增收的重要途径。牧民家庭及社区有机会被广泛地纳入国家公园特许经营体系，根据其能力提供差异化商品和服务，包括食宿、交通工具、手工艺品等，以及游览导赏、文艺表演等高附加值服务。

5.4.3 武夷山国家公园传统产业转型发展面临的主要问题

其一，茶产业发展时间长，地域性品牌知名度高，但缺乏对品牌生态价值的系统评估和科学研究，当前价值提升存在瓶颈。第一，茶叶分等定级缺乏科学依据，难以体现生态价值。武夷山岩茶、红茶知名度高，茶文化宣传力度强，但对产品的定位和宣传注重强调山场位置，相对忽视山场本身的生态特征、生态保护成效，并将稀缺性与身价品位关联，不利于构建对国家公园的品牌认知；对产品分等定级依据岩茶国家标准（GB/T 18745—2006）、红茶地方标准（DB 35/T 1228—2011）进行时，定量检测措施仅针对食品安全性，过分依赖主观评价，对色、香、味等在良好生态环境中产生的特殊性状缺乏科学检测和分等定级；因缺乏产品细分，将消费者群体相对简单地分为高端群体消费正山/正岩产品，其他群体消费所谓外山/洲茶产品，不利于提升茶产业的整体附加值。第二，在生态茶园建设中，缺乏对于环境和茶树本身的生态监测、评估和研究，没有将产业发展和生态保护直接关联。国家公园管理局于2018年开始与茶农、茶企共建生态茶园，但目前仅有永生茶业有限公司在示范地内开展生态监测；对于茶园套种阔叶树后的产量影响等方面，仅有武夷星等零星茶企在自主进行研究和测算。目前对于茶山/茶园生态系统的认知多停留在定性描述层面，对于生态保护和茶产业关系缺乏科学认知。第三，由于茶叶品质成分的科学检测尚未开展，以次充好、假冒伪劣、滥用地理标志等现象屡禁不止，武夷山依靠生态保护提升附加值受到冲击。重制茶技术、轻种植技术，在武夷山茶农的茶园上乱插牌伪造产地来源等都是较为常见的现象。虽然有国家标准和地理标志产品认证，但实际上的科学标准下的生产、加工、包装和销售缺乏统一标准，稀缺性难以体现，生态附加值难以实现。

其二，武夷山当地社区经历了40余年的多类型保护地管理体制变迁，随着国家公园管理体制建立，由于多重政策解读和执行，茶业发展历史遗留问题与新增问题交织。第一，传统技术受到新政策制约。岩茶种植中以茶树周边土壤覆盖在茶树根部进行"客土"是更新土壤肥力的方法，以此避免额外施肥，但在土层较薄的地区容易引起水土流失。国家公园管理严禁"客土"，目前缺乏对"客土"过程的生态后果和肥力影响的充分研究。此外，从2019年1月1日起，为控制松材线虫病，禁止任何松木进入国家公园内，而松木是进行小种茶熏制的必要材料，目前正在开展研究寻找替代品（图5-25）。茶农进行品种改良也因有潜在的水土流失风险而不予开展，以密植、补种的逐步替代方式代替大规模改造。成熟老化林下茶叶生长受到一定限制，但目前不允许对林木进行修剪。第二，国家公园管理与世遗地双重红线下，生产生活设施更新维修阻力较大。一方面，生产生活资料均在国家公园范围内的茶农手中，如武夷山市星村镇桐木村，厂房规模不能扩大，大多存在居住、生产和接待三合一的住宅模式；房舍划出国家公园范围的茶农，如九曲溪上游地带黄村村等，即使生产生活不在国家公园一般控制区内开展，也受到世遗地红线管控，同样不能进行相关的厂房、道路更新维修。第三，国家公园管理继承世遗地搬迁历史遗留问题。由于世遗地第三期搬迁搁置，主入口武夷街道天心村兰汤等地居民生产生活发展受到限制，比之搬迁居民存在较大心理落差，因厂房陈旧影响茶叶制作品质，有些茶农不得不转而售卖茶青，影响收入；这类社区因长期发展受限，违章建筑多，存在安全隐患，如兰汤在2020年夏发生火情，因道路问题消防车难以进入。

图5-25　马尾松替代燃料（摄影：何思源）

其三，以茶为主导的单一产业发展存在风险，以茶带旅的产业多功能发展不成熟，产业发展不能支持国家公园管理目标。第一，茶产业作为单一产业面临诸多风险。长期以来，武夷山地区因生态保护管理对产业发展业已形成诸多限制，九曲溪上游地带及原自然保护区地带为禁止养殖区域；随着天然林保护等生态政策实施和市场波动影响，林木、毛竹经营已不再是主导产业，特色产业如养蜂、林下经济等规模不大（图5-26）；茶产业在国家公园范围内及其周边几乎成为单一产业，茶的精深加工也因茶叶本身价值较高对茶农、合作社等而言都缺乏开展动力。茶产业主要面临自然灾害风险和社会经济风险，对以新冠疫情为代表的直接影响市场需求的突发事件，尚未形成有效的预防和应对机制；此外，受到茶业发展前期炒作、价格虚高和宣传思路的影响，茶叶市场价格波动较大，以茶青售卖为主、小规模的茶叶加工者受到直接影响较大，而大企业则存在扩大非原产地茶青收购等弥补价格下跌的行为。第二，以家庭作坊为主体的茶叶生产规模不大，缺乏专业分工，限制了社会化服务的推广、产业链延伸和附加值提升。茶农家庭相对都专注于茶叶种植、生产和品质管控，在营销上基本呈现熟人化、"口碑"式售卖，缺少资金、技术和劳动力进行品种创

图5-26　武夷山国家公园内坳头村茶山上的蜂箱（摄影：何思源）

新和专业营销，也因为散户产量有限而难以进行规模化、标准化的产业经营管理，呈现出茶叶品种繁多、品质参差不齐，市场混乱，没有品牌合力的局面，龙头企业与茶农的关系一般也仅限于松散买卖，不形成利益共同体。茶业合作社的建立和发展在产业前端通过整合散户茶山进行规模化管理和购买化服务，如争取有机生产补贴、生产资料折扣、统一完善生产设备设施等方式降低生产成本，如星村镇洲头村坡石茶业有限公司；在后端则对不同茶农的初制毛茶进行统一分等定级、细分产品市场、开拓不同经销渠道并使用合作社统一商标售卖，如星村镇黄村村茗川世府茶业合作社，但这种基于产品多样化的规模化营销覆盖面还比较窄，小农与产业组织融合度不深。第三，以茶产业为基础的多功能产业带动作用尚未发挥，茶旅融合缺乏生态理念和文化底蕴。在国家公园体制构建中，地方政府在区域产业发展上还未形成从生产到加工到旅游服务的产业链的规划和布局，产业部门与文旅部门依然缺乏协作。茶农主要依赖熟客营销模式，以茶叶销售为主要目的接待少量消费者，缺乏与市场需求的对接，餐饮食宿都缺乏经营规范；规模性茶企，如永生茶业，虽然利用资金、技术和人才优势积极探索三产融合，利用生态茶园和接待中心发展生态体验和科普教育，但受制于国家公园内基础设施建设等严格管控，发展方向和区域示范作用不明显。总体而言，现有茶文化体验流于展示，缺乏内涵；对茶文化形成的生态背景、生态景观和生态价值疏于考虑，导致乡村旅游盲目开发。第四，国家公园生态体验和游憩发展规划尚未落地，特许经营受制于原有风景名胜区资源使用和旅游管理。国家公园管理目标涉及科研、教育和游憩等诸多服务功能，但目前国家公园的生态游憩规划还未落地，区域旅游规划的整体性和国家公园内外衔接有待落实，国家公园品牌、形象、氛围均不足。目前，原景区范围外的自然保护区等国家公园一般控制区内目前还未进行自然体验、环境教育等符合区域内生态价值的活动，仅采用自然保护区卡口管控措施进行人流限制；国家公园范围外的服务于原景区的国家级旅游度假区作为高度城镇化区域，其旅游服务功能的发挥如何符合国家公园管理有待落实。在体制上，原有风景名胜区旅游管理服务中心仍负责旅游服务，造成国家公园管理局生态保护和游憩管理割裂；目前特许经营仅提出竹筏、观光车和漂流三个原景区范围内的旅游服务项目，虽然有利于解决历史遗留问题，但社区无法充分参与到国家公园经营活动中，国家公园体制建设所要求的特许经营的规范和效率优势远未实现（图5-27）。

其四，从产业发展作为地方事权来看，地方政府及其相关各部门与国家公园管理机构在协调生态保护与社区传统产业提升、转型和发展联动不足。第一，国家公园与地方政府在社区发展方面的事权划分不够明确，国家公园管理局在社区产业转型和扶持方面难以得到资金支持，生态补偿长效机制面临困难。社区发展本身是地方事权，但国家公园范围内及其周边社区因生态保护需求而进行产业转型提升时，需要国家公园管理局进行引导，对相关设施建设进行监督，确保产业发展与生态保护兼容，例如松木

图5-27　武夷山国家公园景区内竹筏经营（摄影：何思源）

管控后的替代成本补偿。目前，国家公园管理局已为国家公园内的天然公益林争取到每亩3元的额外补偿。因此，在共同事权下，国家公园管理局更容易争取资金倾斜和协调地方政府。第二，国家公园管理局审批权限不明确，对涉及地方产业和社区生计发展项目的审批流程不明确，导致地方政府部门前期项目停滞，新项目难以开展。随着国家公园体制建设推进，地方投资、村集体经营等产业发展项目被叫停，后续相关项目难以开展；尽管准入产业正面清单已经形成，但项目细节如何审批还未明确。此外，一些生态修复和乡村环境整治项目，如生态沟渠等建设如何开展，也存在政策不明问题。第三，国家公园管理局与地方政府在产业发展上缺乏交流，尚未形成以生态保护促进产业发展的共同认知。由于毛茶按农产品可免征增值税，因此茶产业从地方发展而言并非纳税主要来源，旅游业成为武夷山地方政府财政收入重要来源，原景区管委会作为武夷山市政府派出机构承担社区发展事务较为顺畅，而在体制理顺后合并成为国家公园管理局，以生态保护为首要管理目标，一定程度上使得地方政府对国家公园管理多元目标认知不清，对如何提升旅游发展及其产业带动的生态内涵，促进生态价值转化存在疑虑。在茶产业发展规模化、标准化、生态化过程中，村庄需要统一进行粗加工场地规划，明确生产、生活和民宿接待发展空间，目前市政府还无力协调用地位置和规模。国家公园管理局正在与星村镇洲头村等开展九曲溪沿岸漫步道景观建设，但九曲溪上游地带主要村庄进行村庄规划时，没有对接国家公园功能区划，产业规划中鲜有考虑国家公园自然景观和生态价值。

5.4.4　茶产业经营观念转变方向和产业功能拓展目标

在国家公园管理体制下推动武夷山国家公园内茶产业转型，需要全面考虑武夷山茶文化景观形成历史过程中的自然生态系统与茶文化系统互动关系，理解自然保护地管理体制变迁历程中茶产业、旅游业的兴衰历程，从匹配国家公园管理理念和对标国家公园管理目标的角度，在茶产业和茶旅融合发展中融入更多的生态观念和科学理念，对产业空间布局应依据国家公园位置和与生态系统关系而加快落实。在对当前武夷山国家公园体制建设进程中茶农和茶产业发展所面临的问题进行分析后，研究提出武夷山国家公园茶产业经营理念的转变方向和以茶带旅的产业功能拓展的主要目标。

其一，以建立国家公园品牌为目标，强化茶叶种植到产品的基于科学指标的管理体系，适当弱化茶叶主观评价，以客观指标体现稀缺生态资源对茶叶品质的贡献，全面提升茶产业生态化。长期以来，武夷山地区茶产业在发展中极为强调山场独特性，强调制作技艺个性化和差异化以及主观性强的茶叶品质品鉴，但对山场的生态环境指标以及叠加制作技艺后的体现茶叶品质的具体成分等客观指标没有建立科学测评体系，对后者一般仅限于化学物质残留等食品安全指标，事实上没有将生态环境稀缺性带来的产品独特性以可信的科学指标加以体现。目前所谓"外山"红茶、"半岩"岩茶等因山场而被限制价格或为售卖高价而充当"正山""正岩"茶，精制茶的商标繁多，对广大消费者不友好，限制市场细分和消费群体的潜力扩大，使得茶产业发展存在瓶颈。可以以国家公园体制建设为契机，在尊重茶叶生产传统知识和文化的基础上，加强科学指标体系建立和管理，适当弱化茶叶地域差异，强化生态特质，以国家公园绿色品牌一致对外。

其二，从不同生产规模茶业从业者利益诉求出发，强化茶农与产业组织融合，构建茶农与茶企之间的利益共同体关系，强化茶农间关系，推进茶山/茶园的规模化管理和产品规模化经营，在维持生态种植规模的同时，从前端与后端推进产业规模化。武夷山茶山分布分散，茶农经营规模差异大，但差异化经营规模与完善的产业链上专业分工不够匹配，不少小茶农同时进行茶叶种植、粗制、精制、品牌建立、销售等；进入国家公园品牌增值体系需要在一定的规模下达到品质标准，因此需要在这一体系建立中引导茶农、合作社和龙头企业进行合理分工，强化小、散农户的生产能力，以合作社促进茶山整合的规模化管理和社会化服务程度，让龙头企业的收购和加工成为拓展茶农销售渠道、稳定收入来源、提高品质标准的保障，也有利于确保龙头企业获得足够生产资料开展精深加工，从而促进茶业产业链的延伸。

其三，以提升自然体验质量与推进文化传承相结合为目标，对不同规模茶产业经营者进行合理定位，拓展茶产业在国家公园生态体验与游憩管理中的功能。一直以来，茶旅融合是武夷山产业发展的一个中心，但茶旅融合流于表象，一方面忽视茶山系统的自然生态属性，另一方面忽视旅游在不同功能区管理目标下的适宜形态，导致茶文化展示脱离自然生态系统，大众观光旅游产品单一。依托茶产业特征和发展历程，茶农对茶山生态特征的认知和对茶园的管理能够为自然景观和茶园景观的体验提供导赏；茶叶生产过程能够提供季节性的农事观摩、体验等（图5-28）。通过进行村庄规划与国家公园生态游憩规划对接和落实，通过特许经营项目的进一步细化和规范化，不同经营规模的茶产业从业者能够面向不同目标群体提供细分的、差异化的服务，包括一般游线上的大众交通、食宿，茶艺修行和茶俗体验，生态体验路线上的补给点，等等。

图5-28 茶旅融合发展的景观与文化要素：（a）青楼；（b）茶山；（c）田园；（d）建筑
（摄影：何思源）

第6章

国家公园传统产业转型发展对策与政策建议

国家公园以生态保护为核心，但国家公园原来不是无人区，未来也不是人为设置的禁区，正确的传统产业转型发展方向不仅能够有效地促进保护成果转化为社区居民的经济收益，而且对保留传统生态文化、提高社区居民保护意识、维护保护成效有着重要作用。第2章提出国家公园传统产业转型发展的核心目标是价值实现，国家公园的价值集中体现在生态系统服务功能，直接获取或间接提供生态系统服务与社区可持续生计密切相关。本章在提出祁连山国家公园体制试点区和武夷山国家公园传统产业转型方向的基础上，使用生态系统服务与生计耦合分析框架深入分析畜牧业和茶产业转型发展的关键资本要素、系统性措施和制度保障，对传统产业发展机理模型在农户个体层面进行分解后再次总结，解决宏观产业政策与微观农户生计的匹配问题。

当前，不同国家公园内社区传统产业类型不同，在产业转型中面临的具体问题和产业生态化、产业功能多样化的具体内容不尽相同，具体转型发展措施有所差异，但两个典型案例的研究表明生态保护大目标下传统产业转型发展的共性特征，结合第2、3章对传统产业转型发展的底层逻辑分析，本章集成理论与实证研究完善国家公园治理下社区传统产业转型发展的机制，给出以产业附加值为目标的协调国家公园生态保护与社区发展的政策建议。

6.1 代表性国家公园传统产业转型的具体路径

6.1.1 生态系统服务与生计分析（ESLA）框架与应用方式

基于对祁连山国家公园和武夷山国家公园传统产业的历史视角分析和国家公园体制建设进程中传统产业的保护兼容性与产业转型现状分析，研究进一步应用生态系统服务与生计耦合分析框架（Ecosystem Services-Livelihood Analysis, ESLA），针对所提出的传统产业经营理念转变方向和产业功能拓展目标，对其实现路径和方式进行动态机理分析。ESLA分析框架的核心目标是明确社区在自然资本之外需要怎样提升其他资本来真正实现可持续生计。

　　本书将 ESLA 分析框架运用于研究提出的传统产业发展机理模型，针对模型中的生态系统服务、社区生计和乡村发展以及国家公园建设中的社会-生态系统动态进程，分析农户水平的生计适应动态过程，充分考虑不同农户的差异性，以个体化差异集合成为国家公园主要适宜产业（图6-1）。

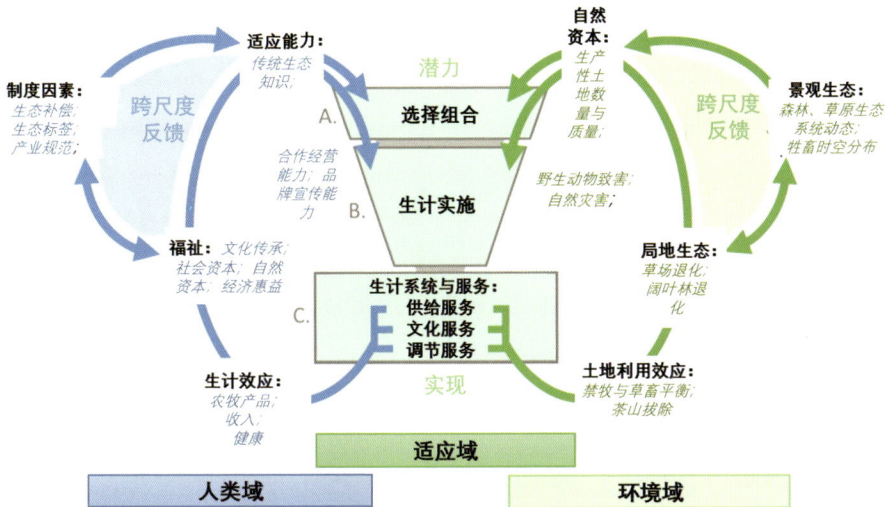

图6-1　生态服务-生计耦合分析框架（改绘自King et al., 2019）

　　在这一框架中，人类域代表常规的可持续生计分析研究中涉及的生计资本、政策和制度过程等主要变量和跨尺度关联，环境域包括生态系统服务框架的从自然资本到生态服务的级联模型以及跨尺度的土地利用对自然资本影响的反馈过程，而上述人地关系进程表现在适应域中，即农户进行生计决策并予以实施，在人地互动中产生服务并实现福祉。国家公园内社区产业发展过程是上述生计与生态耦合的典型过程，是对研究所提出的传统产业发展机理模型在农户个体层面的分解，能够解决从宏观产业政策和微观农户生计的匹配问题。

　　在适应域中，生态系统服务、生计资本和不同的适应过程得以整合。这一适应过程始于农户潜力的逐步释放，由农户的适应能力和农户可得的自然资本组成，部分潜力会通过生计活动得以实现。每个家庭的生计选择组合（A）受到其个人生计资产和能力，包括自然资本的可得性和质量的影响，此外，文化、社会、政治和技术背景都能够改变人们对适应生计策略的自身能力的感知。生计选择组合，即可能的生计选择，也与人们对自然环境和自身能力的匹配关系的感知有关。在此基础上，农户进行生计决策并实施决定（B），生计活动的实施需要匹配和动员额外的社会和自然资本，而政策决策者也需要从一开始就考虑人们需要提升哪些能力来成功地适应生计决策。如果制定了针对生计活动的激励性政策，但农户缺乏必要的实施能力，那随着时间的推移，生计的脆弱性就会增加。生计系统与生态服务是适应域的结果（C），能够反映人地互动所生产的服务及其社会分配与空间分布。社区生计与生态服务的实现也进一步通过对农户福祉和自然生态系统的影响，最终影响农户的适应能力和自然资本（A），从而形成人地互动的反馈系统。

根据对生态系统服务–生计分析耦合工具的机制说明，本研究对代表性国家公园传统产业转型的实现路径和方法采取三个分析步骤。

首先，基于对祁连山、武夷山国家公园传统产业转型的历史和现状分析，根据所提出的具体的经营理念转变方向和产业功能拓展目标，确定兼容国家公园保护目标的产业。

其次，面向适宜产业，基于前期一手、二手资料分析，识别国家公园周边农牧民所依赖的（关键）自然资本、生态过程，以及影响产业发展的个体/社区内部能力（人力、物质、金融、社会、信息和文化资本）和外部制度要素（制度资本）。

最后，以相关农牧民的适应能力提升为目标，提出产业转型中社区生计策略得以实现的关键路径和制度保障。

6.1.2 祁连山国家公园传统牧业转型的ESLA分析

根据对畜牧业经营观念转变方向和产业功能拓展目标的分析，适宜祁连山国家公园牧民开展的产业活动主要有两类：①进行生态化和产品价值提升的畜牧业；②以自然景观和民族文化资源为基础的生态旅游。

6.1.2.1 传统畜牧业的生态化和产品价值提升的关键要素

自然要素：影响畜牧业的关键自然资本为优质草场与适宜畜群；其他自然资本包括野生肉食、草食动物状况，自然灾害状况和疫病状况。关键生态过程包括草原、湿地生态系统物种组成、生产力、水源涵养和水土保持等生态系统服务。

适应能力：影响畜牧业的内部能力因素包括固有的畜牧业传统知识系统、劳动分工、社区权力和宗族关系以及新兴的市场需求识别、品牌营销、信息、技术和装备获取、信用市场进入等能力。

制度因素：影响畜牧业的外部制度因素主要包括牲畜价格、畜产品市场与国家生态和资源保护政策。

6.1.2.2 自然文化融合的生态旅游发展的关键要素

自然要素：影响生态旅游的关键自然资本为多元景观要素；其他自然资本包括生物多样性、地质多样性、自然风险应对能力等。关键生态过程整体上要求生态系统健康和完整的生态系统过程，具有生态廊道，以景观多样性、文化景观为主的文化服务。

适应能力：影响生态旅游的内部能力包括固有的牧民畜牧业传统知识体系和劳动分工，地域、民族文化和生态知识，语言能力，相关住宅条件与社区公共基础设施，以及新兴的产品营销、融资和语言等能力。

制度因素：影响生态旅游的外部制度因素主要包括社区保护地管理法律法规，社会组织与社会企业管理规定，国家公园特许经营运行机制，非物质文化保护管理规定等。

6.1.2.3 传统畜牧业转型发展的关键措施

从维护自然要素、提升适应能力的角度，提出祁连山国家公园传统畜牧业转型发展的关键措施。

（1）以科学研究为基础发展生态畜牧业。科学测算草场生态承载量，动态确定牲畜数量和畜群结构；研究野生动物行为，科学核算草食动物啃食补偿量、野生动物损害补偿标准，确定草场围栏设置位置等。

（2）构建产业组织模式改善畜牧业生产关系。以合作社为导向提升牧业组织化水平，实现资源统筹利用、整合管理，提升畜牧业现代技术和设备运用；强化本地牧民资本集中和投资能力。

（3）创造畜牧业产品市场进入机会和渠道。通过产业组织融合，加强牧民、家庭牧场、专业合作社与牧业企业在产业链上的分工合作，构建产业利益共同体；运用多元社会力量开展专业性、面向消费者的市场宣传；激发市场的本地化和对在地消费者的吸引力。

（4）建立国家公园产品品牌增值体系。以资源的生态稀缺性为出发点，以生态管理实践的科学可控指标为特征建立品牌增值体系，将地域特征和笼统、不可量化的标准转向生态特征，结合传统与科学指标衡量的评价体系转变，提升产品价值。

（5）面向细分市场进行文旅产业发展整体规划。针对国家公园访客的不同需求区分生态旅游类型和实现方式，匹配区域不同空间功能区管理目标，包括联动区域内的特色小镇，在国家公园入口小镇规划服务功能服务大众访客，在一般控制区通过特许经营服务于大众和小众访客。同时将国家公园生态旅游与区域旅游规划联动。

（6）建立国家公园详细的生态旅游活动准入规则和管理细则。交通食宿等产业准入规则要明确产业的社区经济回馈、资源节约与生态友好以及访客环境意识提升，并在管理细则上阐述服务与产品提供全过程的生态化管理要求。

（7）针对牧户特征和能力开展差异化技能培训，进行旅游产业分工和扶持。从牧户生计资本条件和能力出发，匹配从大众到高端旅游市场需求，进行生态旅游业相关细分产业技能培训，为不同类型的旅游服务供需者之间创造交易平台。

（8）拓展国家公园设备、设施功能发展生态旅游。集合牧民资本与能力，依托生态管护站与生态巡护监测发展生态旅游服务产品供给，实现生态旅游资源的合理利用。

6.1.2.4　传统畜牧业转型发展的制度保障

从减小政策、市场和自然因素的外部风险与提升社区居民产业发展能力的内部动力出发，提出祁连山国家公园传统畜牧业转型发展的必要制度保障。

（1）资源管理制度。包括灵活的土地承包流转体系、土地置换等土地动态管理体制、水权划分制度、牧民社区内部资源利用公平制度和冲突解决机制、资源利用冲突监测与奖惩体系。

（2）生态补偿制度。多元长效的生态补偿制度的延续、调整及其实施监督和奖惩机制，包括草原补奖等草原、湿地、森林等生态系统保护补偿，野生动物损害补偿，草食野生动物资源消耗补偿等。

（3）灾害管理制度。包括牧业自然灾害、疫病等风险监测预警体系与响应、补贴机制。

（4）社会服务制度。丰富的畜牧业全产业链社会化服务体系，包括融资、保险、技术、电商公共平台、牧业大数据平台等。

（5）社区参与制度。健全的特许经营制度和明确的社会组织与社会企业的社区发展准入制度，面向社区牧民诉求的地方政府、国家公园管理机构三方交流机制。

（6）能力提升机制。长期的生态观念和乡土教育体系与定期的语言与其他服务技能培训机制。

6.1.3　武夷山国家公园传统茶产业转型的ESLA分析

根据对茶产业经营观念转变方向和产业功能拓展目标的分析，适宜武夷山国家公园茶农开展的产业活动主要有两类：①进行产业标准化和生态附加值提升的茶产业；②以茶文化为核心、自然生态为基础的生态旅游产业。

6.1.3.1　传统茶产业标准化和生态附加值提升的关键要素

自然要素：影响茶产业的关键自然资本为森林生态系统、土壤条件、茶叶品种；其他自然资本包括野生动物影响，自然灾害状况和疫病状况。关键生态过程包括森林生态系统物种组成、生产力、水源涵养和水土保持等生态系统服务。

适应能力：影响茶产业的内部能力因素包括固有的茶产业传统知识系统、厂房条件、劳动分工、社区权力和邻里关系、多元化产品市场营销渠道与品牌营销能力，以及新兴的生态化茶园生产管理技术和流程、融资能力和信息获取能力。

制度因素：影响茶产业的外部制度因素主要包括茶叶价格、劳动力价格、生产资料价格，国家生态和资源保护政策。

6.1.3.2　茶文化与自然生态融合的生态旅游产业发展关键要素

自然要素：影响生态旅游的关键自然资本为茶山/茶园生态系统与相关森林、湿地生态系统，关键生态过程为景观多样性及其供给、调节和文化服务。

适应能力：影响开展生态旅游的内部能力包括固有的茶产业传统知识系统、劳动分工、地域生态和文化认知，住宅与公共基础设施条件，以及新兴的多元化产品市场营销渠道与品牌营销能力、融资能力和信息获取能力。

制度因素：影响开展生态旅游的外部制度因素主要包括国家公园功能分区管理规划和管控细则，茶叶价格，世界遗产、农业文化遗产、非物质文化遗产等自然文化遗产的政策方向和管理实践。

6.1.3.3　传统茶产业转型发展的关键措施

从维护自然要素、提升适应能力的角度，提出武夷山国家公园传统茶产业转型发展的关键措施。

（1）建立国家公园茶叶种植、生产、加工、贮存等标准体系和管理规范。生态茶园建设管理技术规范和标准，包括选址布局、环境营造、种植管理等具有可监测、量化的评估指标，以资源、环境品质的生态量化指标降低唯山场论的影响。

（2）建立茶叶品质的多样化与标准化融合的评价体系。在负面标准化管理可控的化肥、农药、除草剂用量及茶叶中残留标准所反映的质量安全性基础上，对不同产品构建反映茶叶外形与内质的理化指标评价体系，降低感官品质品评的专家主观依赖性和对普通消费者的信息不对称性。

（3）丰富产业组织形式，推动形成产业利益共同体。以合作社、企业 - 农户合作等形式，促进茶叶生产、加工和营销的规模化、智慧化和产业空间布局合理化，发展茶叶产品定制化生产销售，提升附加值。集合散户和中小规模茶农、茶企所生产的茶品的多样性，统筹安排个性化订单，拓宽营销渠道。

（4）建立国家公园产品品牌增值体系并引导适宜规模的茶农进入。在茶产业链与产品评价体系科学构建的基础上，依托适宜产业组织形式，逐步引导适度规模茶农申请加盟国家公园产品品牌增值体系，突出示范效应。

（5）以国家公园品牌宣传来培育理性消费者和市场环境。利用茶文化中的生态理念进行正确的消费观念引导，抑制不当的市场宣传造成的价格哄抬和恶性竞争，给生态价值提升以良好的市场环境。

（6）整合多类型保护地生态文化价值特征实践生态旅游专项规划。针对国家公园访客的不同需求区分生态旅游类型和实现方式，重新定位原有风景名胜区、自然保护区和世界遗产地开展旅游时的社区功能定位，同时将国家公园生态旅游与区域旅游规划联动。

（7）建立国家公园详细的生态旅游活动准入规则和管理细则。交通食宿等产业准入规则要明确产业的社区经济回馈、资源节约与生态友好以及访客环境意识提升，并在管理细则上阐述服务与产品提供全过程的生态化管理要求。

（8）针对茶农特征和能力发掘多类型生态旅游增值服务。从社区所在位置、自然生态与景观特征及既往旅游从业经验等方面出发，匹配自然文化体验、医疗康养、科学研究等不同目的访客需求，培训茶农进入自然生态系统解说教育、自然导赏等领域，为不同类型的旅游服务供需者创造交易平台。

（9）把握国家公园生态价值与以茶为特色的文化价值的融合关系进行国家公园理念宣传和文化创意产品设计。将源自景区时代的对武夷山景观特征的刻板印象和孤立的茶文化在国家公园生态系统完整性保护中重新整合，突出国家公园的整体生态价值和与景观、文化多样性的相辅相成，同时推动国家公园主题文创产品开发。

6.1.3.4 传统茶产业转型发展的制度保障

从减小政策、市场和自然因素的外部风险与提升社区居民产业发展能力的内部动力出发，提出传统茶产业转型发展的必要制度保障。

（1）资源管理制度。包括灵活的土地承包经营（租赁）权流转制度，保护地役权制度，传统茶园保护规划、农业文化遗产的挖掘和保护制度。

（2）生态补偿制度。多元长效的生态补偿制度的延续、调整及其实施监督和奖惩机制，包括生态公益林补偿、野生动物损害补偿等。

（3）社会服务制度。丰富的茶业全产业链社会化服务体系，包括金融、保险、技术、电商公共平台、茶业市场大数据平台等服务于茶农、专业合作社、企业等不同规模生产经营者；完善的金融、信用担保体系等服务于投身茶旅融合发展的回乡创业者。

（4）社区参与制度。健全的特许经营制度和明确的社会组织与社会企业的社区发展准入制度。

（5）能力提升机制。长期的生态观念和乡土教育体系与定期的产业技能和管理培训机制。

（6）协调管理制度。地方政府、社区居民与国家公园管理部门三方交流机制和交流平台，文旅、农林、茶叶等地方政府部门的协调交流机制及其与国家公园管理机构的沟通机制。

6.2　中国国家公园传统产业转型机制与政策建议

6.2.1　面向国家公园管理目标的传统产业转型发展机制

祁连山国家公园畜牧业与武夷山国家公园茶产业转型发展在当前国家公园体制建设中具有代表性。从社会-生态系统动态发展看，两者都是当地社区长期适应自然条件下形成的具有地域特色和文化内涵的主导产业，一方面，其土地制度在当前国家公园体制试点中具有典型性，能够体现西部牧区和东南林区在草场承包流转制度和集体林权改革制度的建立和完善中面临的产业发展问题；另一方面，面对当前国家公园管理需求，两者所面临的问题因长期的产业发展与自然生态保护管理实践的不同而具有差异性。

具体而言，传统产业在发展中面临着自然、政策与市场的多重风险，国家公园各项管理政策对于区域产业与社区生计而言，既存在一定风险，也能够提供发展机遇和成为制度保障。立足国家公园"生态保护优先、国家代表性、全民公益性"的原则，面向其生态保护、游憩体验、科学研究、文化传承、社区发展等多元目标，两个案例研究均表明，依据图3-6所示的国家公园社区产业发展理论模型，能够从产业生态化与产业功能多样化两方面解析祁连山国家公园和武夷山国家公园传统产业转型发展面临的问题并提出其产业发展方向和实现路径。

同时，两个案例地传统产业类型迥异，在产业转型中面临的具体问题和产业生态化、产业功能多样化的具体内容不尽相同，具体转型发展措施有所差异，但从协同区域产业发展的地方利益与国家公园生态保护的全民利益看，在体制构建和机制完善上也存在一定共性特征，为国家公园体制建设中各类型传统产业转型发展提供了总体思路。

因此，这两个典型案例的实证研究所反映的国家公园管理与社区产业发展协同过程中的共性问题及其可能的发展方向和具体对策，能够启发提出当前国家公园体制建设中传统产业优化、调整与转型的相关政策；同时，实证研究能够支持对自然生态–半自然生态–乡村发展相融合的国家公园社区产业发展模型进行必要的修正，用以进一步对具有差异性的国家公园传统产业发展进行可对比的分析。

因此，本节基于实证研究，对国家公园社区产业发展模型进行修正（图6-2），使其更为真实地反映国家公园管理体制中社区产业发展的机理。

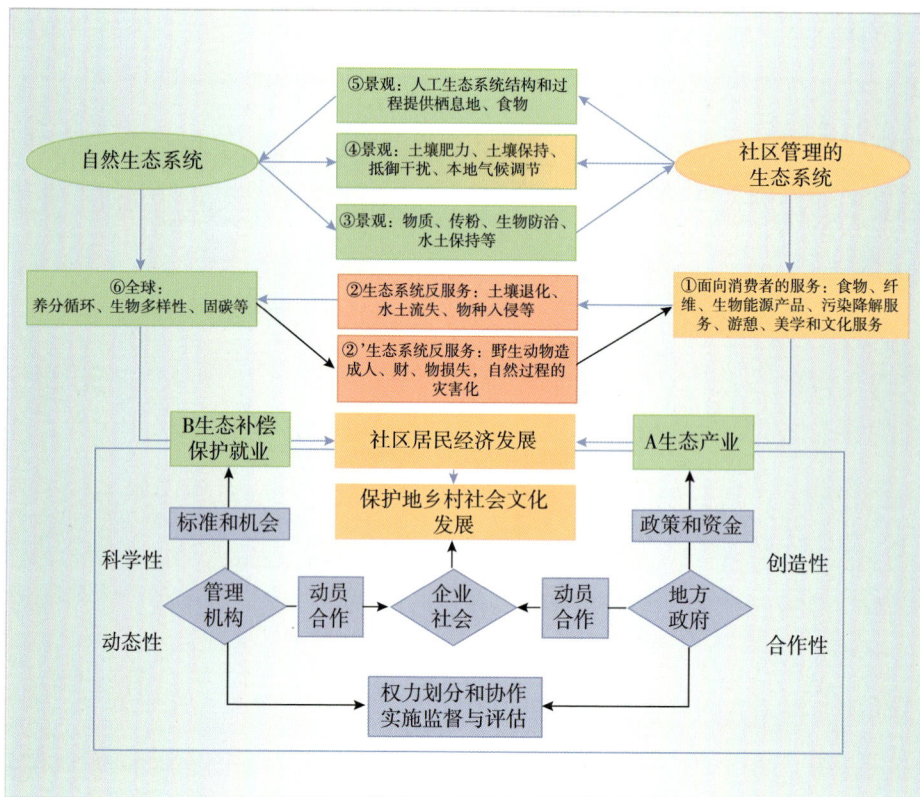

图6-2　基于实证研究调整的国家公园传统产业转型发展模型

国家公园传统产业转型发展机理从三个方面进行了完善和提升，进一步解析了国家公园体制建设中实现传统产业转型的原则。

第一，对自然生态系统与社区管理的生态系统间的关系在国家公园管理过程中进行调整。在原有模型的自然生态系统与社区管理的生态系统关系中，国家公园临近社区存在生态系统反服务（图6-2②）；但在研究过程中发现，随着国家公园生态保护管理的强化，自然生态系统过程对于临近社区而言，也开始出现生态系统反服务，主要是以野生动物种群恢复带来的对半自然生态系统产品、社区财物和居民人身安全的影响，以及气候变化下自然过程的灾害化，如寒冻、洪涝、干旱等。因此，模型将这一关系补充到模型中（图6-2②'）。同时指出，生态补偿里除了囊括社区为公众提供生态服务的补偿外，也需要考虑诸如野生动物干扰等自然生态系统服务对社区的负外部性，即生态系统反服务。

第二，在产业发展模型中明确了主要利益相关方的相互关系。在调研中发现，国家公园社区传统产业管理是地方政府宏观产业发展规划与国家公园自然保护管理的交叉领域，既存在权责不明问题，也存在标准不清的问题。因此，模型将这两个关键利益相关方的角色在国家公园产业发展中的角色予以明晰，指出必须明确权责划分，显示地方政府在管理社区发展问题上的主导性和国家公园管理机构在协调社区生计公平发展中的引导和监督作用，并将这种引导和监督建立在详细的管理规范上。同时，也指出企业和社会组织的作用。研究还指出，产业发展模型没有显示国家公园顶层设计，但研究表明对顶层设计的统一解读是明确地方政府与国家公园管理机构权责分配，推进具体产业政策实施的关键。

第三，在传统产业转型发展中强化国家公园管理的科学性、动态性、创造性和合作性。在国家公园社区传统产业发展模型中，科学性针对研究发现的不以生态学测算为依据的政策制定问题；动态性针对不以生态系统时空变化、社会环境变迁等为导向进行政策调整的问题；创造性针对长期固有的产业政策或方向，如地域品牌推广等需要在国家公园管理体制下寻求创新的问题；合作性针对国家公园体制试点在开始总体和专项规划实施后，在社区发展专项规划中涉及的包括产业、道路交通、文化旅游等政府多部门之间及其与国家公园管理机构的协作，也强调对社区居民态度和意见的聆听与响应。

6.2.2 国家公园传统产业转型发展关键行动者

对标图3-7所示的国家公园社区的传统产业发展路径与价值提升模

型，从产业生态化和产业功能多样化出发，传统产业转型需要从保护兼容性考虑是否对产业进行保留和提升，从而以产业发展保障社区生计，协同保护目标。这一研究思路主要侧重于在产业结构和要素配置层面进行转变，但使用该分析模型进行案例分析后也发现，国家公园社区的传统产业的转型发展，本质上是区域产业布局和经济发展的一部分，但因其受制于自然保护管理要求，所涉及的利益相关方会更为复杂。综合考虑国家公园所在地的地方政府在经济发展中的主导作用和国家公园在区域内的生态保护功能定位，将国家公园社区传统产业转型中的关键利益相关方界定为国家公园管理部门、地方政府与社区居民。理清其在产业转型中所发挥的职能，平衡各方利益，促进其协调沟通，是传统产业能否转型成功的关键所在（图6-3）。

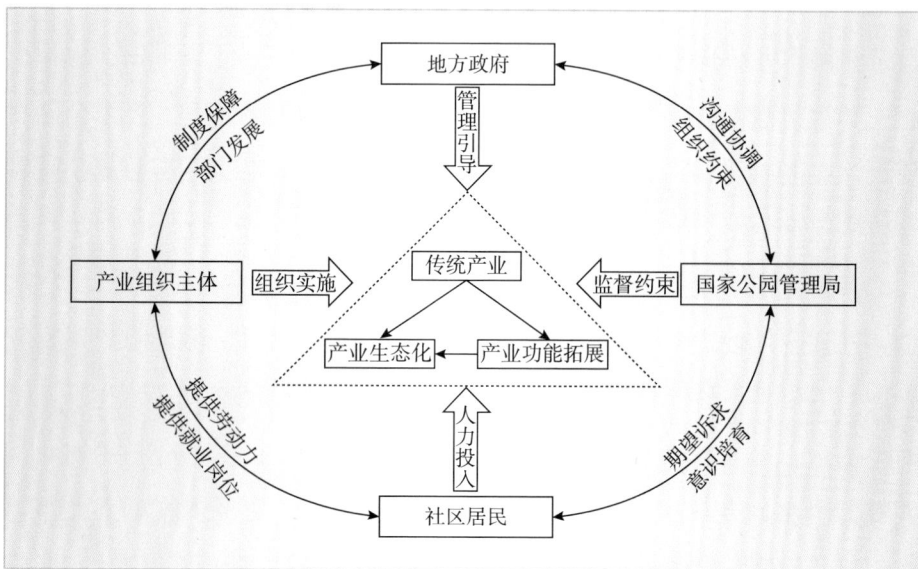

图6-3 国家公园传统产业转型的利益相关者及其相互作用

国家公园管理局及单个国家公园管理部门是产业发展的生态理念倡导者和实践监督者。依据生态保护管理目标制定国家公园产业准入清单和管理细则并参与审批监督；研究和核算生态补偿类型、标准，对生态补偿制度执行予以监督；确定国家公园内及其周边社区功能定位和进行国家公园总体与专项规划；制定社会参与国家公园商业经营的具体办法并实施和监督，为社区产业发展牵线搭桥，搭建平台引入多方力量提升社区能力。

地方政府是产业发展的政策制定者和环境优化者。根据生态保护宏观政策和国家公园产业准入清单和管理细则调整相关区域产业发展政策；提供有利于准入清单内产业发展的投融资环境、税收减免等优惠政策和服务体系；制定和实施区域内生态补偿政策；主导和引入公益性的社会企业投资。

社区居民是产业发展的实际参与者和直接受益者。不同规模的农户与合作经营组织充分了解国家公园与地方政府对接交流形成的产业转型方向和实施路径；自下而上参与制定和实施产业发展规划；在国家公园管理机构、地方政府等多方扶持下进行能力提升。

6.2.3　政策建议

在国家公园体制建设过程中，社区传统产业发展在严格的生态保护管理下，要能够以生态保护促进产业发展，让社区生计得益于生态保护红利，其产业发展就要全面发挥国家公园所在地资源优势，充分实现本土资源的多重价值，融合传统智慧、现代技术和管理理念，提高资源利用效率、保障多元产品质量、对接差异市场需求，整体提升社区居民产业管理能力和水平。因此，在有限的资源利用条件与严格的生态保护管理下，国家公园产业发展必须以高附加值为目标，以产业链延伸实现经济附加值，依托产地生态特征和产品安全提升生态附加值，以产业多功能衍生文化附加值。为此，研究提出以下6条政策建议。

（1）明确划分国家公园管理局与地方政府在社区发展中的具体事权和资金渠道，促进国家公园管理局与地方政府协调合作。确定国家公园管理局在制定社区空间规划和基础设施建设的生态标准和规范，制定和实施特许经营制度、产业准入政策等涉及社区产业规划和发展事务中的角色和责任。确定国家公园管理局在地方产业发展、社区生计发展、乡村环境整治、生态修复等项目，以及民生基础设施、水利基础设施、旅游基础设施等维护和建设项目中的审批、监督、管理权限。确定地方政府在上述涉及国家公园空间内管制的项目，以及生态移民搬迁、矿业权退出等涉及空间区域内人口安置和产业规划事务中角色和责任，确定匹配的资金数量和来源。

（2）明确国家公园管理政策的顶层设计，衔接国家公园管理规划与区域规划，为地方开展传统产业转型发展提供依据和实施指南。衔接和落实国家公园总体规划中的功能区划管理、国家公园社区发展详细规划中的产业发展目标与地方政府主导的乡村产业发展专项规划。在国家公园总体规划、社区专项规划等文件中详细规定一般控制区、严格保护区的产业类型、规模、强度和方式，入口社区的规模、功能定位和产业布局等；对准入产业的具体模式、服务支撑与设备体系设定详细标准和执行方案。制定详尽的生态移民搬迁安置方案和资金预算，详细规划安置点产业布局，生活保障和基础设施建设。

（3）丰富国家公园社区产业组织形式，通过小、散农户与产业组织深度融合，提升产业竞争力。根据产业形态和发展程度选择产业组织模式，将农户与合作社、规模化企业进行适宜的多样化融合；提升产业规模化，促进标准化生产加工管理和质量安全管控等的执行和监督；提升产业专业化，向前后纵向延伸产业链，促进生产、加工和流通融合发展，在产业前端降低生产成本，在后端推动产品市场化；通过标准化管理和规模化经营保障产品的生态稀缺性和文化特色，使其通过进入国家公园品牌增值体系来提升附加值。

（4）建立国家公园绿色品牌增值体系，提高生产经营的科学性，实现国家公园社区产品和服务以生态稀缺性为主体的多元价值。制定产品生产、加工、贮存的标准管理体系和管理规范，形成从原料到加工到产品的全程可监测、量化的评估指标。建立以质量安全为核心的负面管控与反映生态稀缺性为核心的正面管控相结合的生态产品评价体系。制定生态旅游发展中交通食宿等相关服务产业的生态化管理规范和评价标准。整合形成面向国家公园产品和服务的绿色品牌认证规则、流程和实施方案，以申请绿色品牌所需的生态规范约束产业发展规模、方式，促进合理分工和利益共同体形成，以绿色品牌附加值激励社区生产经营者参与。

（5）将特许经营制度落地，完善社会参与标准和途径，对接社会与基层政府，依靠社会多方力量全面、长期地发现和提升空间上不同分布区域的社区居民生计能力和产业发展成效，形成社区发展造血机制。研究特许经营制度如何向社区发展倾斜，及时批复特许经营标准规范和推进实施方案，直接为社区传统产业经营者进入国家公园特许经营体系或间接为特许经营商提供产品与服务提供便利。落实社会企业、民间组织准入机制，为开展协同保护提供便利，依托社会投入资金、技术和人才来发掘、总结、提炼国家公园社区传统知识用于指导生态体验规划，根据社区居民的差异化意愿和能力开展产业知识和技能培训，基于市场需求，推动包括生态保护、环境解说、食宿经营、交通服务、手工艺制作、文创产品开发、游览导赏、文艺表演等高附加值生计活动与产业的发展，并在空间上形成产业链和产业优势互补。

（6）延续和完善生态补偿制度，对既有生态补偿制度进行适当调整，对新增生态补偿需求进行核算，建立国家公园多元、长效补偿机制。对既有生态补偿制度的生态效果进行科学评估，因地制宜地进行资源时空管控的差异化调整，动态调整产业类型、规模和生产方式，减少社区传统生计收入损失和不必要的产业发展限制。进一步细化因生态改善而对社区生计和产业发展造成影响的事件识别方法、补偿标准和申报流程，落实补偿经费来源。完善生态补偿款项给付条件，探索将生态补偿作为生计发展和产业转型的原始资金，形成产业扶持基金等长期的生态保护行为激励和产业培育机制。协同匹配生态补偿政策与产业发展政策，避免出现一方鼓励土地利用生态化而另一方刺激农业产出的矛盾。

参考文献

鲍文, 2018. 草地畜牧业发展潜力及绿色经济转型研究[J]. 黑龙江畜牧兽医(16): 35–39.

布尔金, 金东艳, 赵娜, 等, 2016. 新巴尔虎左旗草地畜牧业转型升级的SWOT研究[J]. 中国农业资源与区划, 37(04): 93–99.

陈叙图, 金筱霆, 苏杨, 2017. 法国国家公园体制改革的动因、经验及启示[J]. 环境保护, 45(19): 56–63.

邓维杰, 2014. 基于社区组织与市场驱动的自然保护区管理方法研究[J]. 四川动物, 33(03): 466–469.

傅晓莉, 2006. 西部自然保护区社区贫困及原因探讨[J]. 林业经济(08): 74–76.

何思源, 苏杨, 王大伟, 2020. 以保护地役权实现国家公园多层面空间统一管控[J]. 河海大学学报(哲学社会科学版), 22(04): 61–69+108.

何思源, 苏杨, 王蕾, 等, 2019. 国家公园游憩功能的实现——武夷山国家公园试点区游客生态系统服务需求和支付意愿[J]. 自然资源学报, 34(01): 40–53.

孔祥敏, 2001. 中国传统产业在知识经济时代的前途[J]. 长白学刊, 6: 42–45.

李惠梅, 张安录, 杨欣, 等, 2013. 牧户响应三江源草地退化管理的行为选择机制研究——基于多分类的Logistic模型[J]. 资源科学, 35(07): 1510–1519.

李惠梅, 张雄, 张俊峰, 等, 2014. 自然资源保护对参与者多维福祉的影响——以黄河源头玛多牧民为例[J]. 生态学报, 34(22): 6767–6777.

李金明, 2008. 生态保护、民族生计可持续发展问题研究——以独龙江地区独龙族为例[J]. 云南社会科学(03): 81–85.

李黎, 吕植, 2019. 土地多重效益与生物多样性保护补偿[J]. 中国国土资源经济, 32(07): 12–17.

李文华, 刘某承, 闵庆文, 2010. 中国生态农业的发展与展望[J]. 资源科学, 32(06): 1015–1021.

李文军, 马雪蓉, 2009. 自然保护地旅游经营权转让中社区获益能力的变化[J]. 北京大学学报(哲学社会科学版), 46(05): 146–154.

梁伟军, 2010. 我国现代农业发展的路径分析: 一个产业融合理论的解释框架[J]. 求实(03): 69–73.

廖凌云, 赵智聪, 杨锐, 2017. 基于6个案例比较研究的中国自然保护地社区参与保护模式解析[J]. 中国园林, 33(08): 30–33.

刘红, 2013. 三江源生态移民补偿机制与政策研究[J]. 中南民族大学学报(人文社会科学版), 33(06): 101–105.

刘朋虎, 罗旭辉, 王义祥, 等, 2018. 山区"三生"耦合茶园体系优化构建与绿色发展对策研究[J]. 茶叶学报, 59(03): 168–172.

鲁方, 2001. 对改造传统产业的再认识[J]. 山东纺织经济(03): 2–4.

马洪波, 2017. 探索三江源生态保护与发展的新路径——UNDP-GEF三江源生物多样性保护项目的启示[J]. 青海社会科学(01): 35–40.

马健, 2002. 产业融合理论研究评述[J]. 经济学动态(05): 78–81.

闵庆文, 等, 2022. 国家公园综合管理的理论、方法与实践[M]. 北京: 科学出版社.

宁碧波, 田伟利, 吴冠岑, 2015. 国外新型业态农业发展经验对我国的启示[J]. 农业经济(06): 6–8.

沈孝辉, 2004. 草海的自然保护与社区发展[J]. 绿色中国(07): 64–66.

宋文飞, 李国平, 韩先锋, 2015. 自然保护区生态保护与农民发展意向的冲突分析——基于陕西国家级自然保护区周边660户农民的调研数据[J]. 中国人口·资源与环境, 25(10): 139–149.

谭静, 冯杰, 汪明, 2011. 自然保护区重要过渡带危机及对策研究——基于四川阿坝藏族自治州理县马山村协议保护机制的调研[J]. 林业资源管理(02): 27–31+77.

唐小平, 栾晓峰, 2017. 构建以国家公园为主体的自然保护地体系[J]. 林业资源管理(06): 1–8. DOI: 10.13466/j.cnki.lyzygl.2017.06.001.

王昌海, 温亚利, 胡崇德, 等, 2010. 中国自然保护区与周边社区协调发展研究进展[J]. 林业经济问题, 30(06): 486–492.

王丹, 黄季焜, 2018. 草原生态保护补助奖励政策对牧户非农就业生计的影响[J]. 资源科学, 40(07): 1344–1353.

谢小蓉, 2011. 国内外农业多功能性研究文献综述[J]. 广东农业科学, 38(21): 209–213.

解焱, 2018. 自然保护地周边的绿色发展模式[J]. 旅游学刊, 33(08), 9–12.

熊爱华, 张涵, 2019. 农村一二三产业融合：发展模式、条件分析及政策建议[J]. 理论学刊 (01): 72–79.

薛金霞, 曹冲, 2019. 国内外关于产业融合理论的研究综述[J]. 新西部(30): 73–74+90.

杨明, 骆江玲, 明亮, 2010. 论替代生计项目在乡村的发展——以NGO在三江平原生态保护 项目为例[J]. 农村经济(04): 101–104.

杨文安, 1993. 斯图尔德与文化生态学[J]. 云南教育学院学报(01): 92–96. DOI: 10.16802/ j.cnki.ynsddw.1993.01.016.

姚强, 李鲲鹏, 1999. 迎接知识经济时代　发展高科技产业. 吉林省经济管理干部学院学报 (01): 1–3.

尹晓青, 2019. 我国畜牧业绿色转型发展政策及现实例证[J]. 重庆社会科学(03): 18–30.

张功让, 陈敏姝, 2011. 产业融合理论研究综述[J]. 中国城市经济(01): 67–68.

张建军, 2019. 自然保护区生态保护与建设发展研究——以山西阳城蟒河猕猴国家级自然保 护区为例[J]. 林业经济, 41(06): 104–109.

赵强, 胡荣涛, 2002. 加快传统产业改造和升级的步伐[J]. 经济经纬(01): 28–31.

赵晓东, 1999. 试论高黎贡山国家级自然保护区的持续发展[J]. 林业经济(01): 3–5.

赵雪峰, 2014. 生态环境保护与经济社会发展的协调统一——以潘得巴自然保护与社区发展 项目为例[J]. 马克思主义与现实(02): 195–200.

朱红根, 康兰媛, 2017. 退耕还湿农户替代生计选择及其影响因素分析——以鄱阳湖区为例 [J]. 江苏大学学报(社会科学版), 19(03): 7–14.

ALTIERI M A, NICHOLLS C I, 1999. Classical biological control in Latin America: past, present, and future [M]. In Handbook of Biological Control, Academic Press: 975–991.

ALTIERI M A, 2004. Linking ecologists and traditional farmers in the search for sustainable agriculture[J]. Frontiers in Ecology and the Environment, 2(1): 35–42. DOI:10.1890/1540-9295(2004)002[0035: LEATFI]2.0.co;2.

ARATRAKORN S, THUNHIKORN S, DONALD P F, 2006. Changes in bird communities following conversion of lowland forest to oil palm and rubber plantations in southern Thailand[J]. Bird Conser Vation International, Int, 16(01): 71–82. DOI:10.1017/S0959270906000062.

BUYSSE J, VAN HUYLENBROECK G, LAUWERS L, 2007. Normative, positive and econometric mathematical programming as tools for incorporation of multifunctionality in agricultural policy modelling[J]. Agriculture, Ecosystems Environment, 120(01): 70–81. DOI:10.1016/j.agee.2006.03.035.

COSTANZA R, D'ARGE R, DE GROOT R, et al., 1997. The value of the world's ecosystem services and natural capital[J]. Nature, 387: 253–260. DOI:10.1038/387253a0.

DAILY G C (Ed.), 1997. Nature's Services: Societal Dependence on Natural Ecosystems[M]. Washington, DC: Island Press.

DFID, 1999. Sustainable Livelihoods Guidance Sheets[R]. London: DFID.

DONALD P F, EVANS A D, 2006. Habitat connectivity and matrix restoration: the wider implications of agri-environment schemes[J]. Journal of Applied Ecology, 43(02): 209–218. DOI:10.1111/j.1365–2664.2006.01146.x.

DONALD P F, 2004. Biodiversity impacts of some agricultural commodity production systems[J]. Conservation Biology, 18(01): 17–38. DOI:10.1111/j.1523–1739–2004.01803.x.

EHRLICH P R, EHRLICH A H, 1981. Extinction: The Causes and Consequences of the Disappearance of Species[M]. New York: Random House.

ELLIS E C, RAMANKUTTY N, 2008. Putting people in the map: anthropogenic biomes of the world[J]. Frontiers in Ecology and the Environment, 6(08): 439–447. DOI:10.1890/070062.

ERISMAN J W, VAN EEKEREN N, KOOPMANS, C, et al., 2016. Agriculture and biodiversity: a better balance benefits both [J]. AIMS Agriculture and Food. Agriculture and Food, 1(02): 157–174. Article 2. DOI:10.3934/agrfood.2016.2.15.

GÓMEZ–BAGGETHUN E, DE GROOT R, LOMAS P L et al., 2010. The history of ecosystem services in economic theory and practice: from early notions to markets and payment schemes[J]. Ecological Economics, 69(06), 1209–1218. DOI:10.1016/j.ecolecon.2009.11.007.

GREEN R E, CORNELL S J, SCHARLEMANN J P W et al., 2005. Farming and the fate of wild nature[J]. Science, 307(5709): 550–555. DOI:10.1126/science.1106049.

HOLMES J, 2006. Impulses towards a multifunctional transition in rural Australia: gaps in the research agenda[J]. Journal of Rural Studies, 22(02): 142–160. DOI:10.1016/j.jrarstud.2005.08.006.

HUANG J, TICHIT M, POULOT M et al., 2015. Comparative review of multifunctionality and ecosystem services in sustainable agriculture[J]. Journal of Environmental Management, 149: 138–147. DOI:10.1016/j.jenvman.2014.10.020.

KING E G, NELSON D R, MCGREEVY J R, 2019. Advancing the integration of ecosystem services and livelihood adaptation[J]. Environmental Research Letters 14(12): 124057. DOI:10.1088/1748–9326/ab5519.

LEAKEY RRB, 2017. Socially Modified Organisms in Multifunctional Agriculture – Addressing the Needs of Smallholder Farmers in Africa. The Scientific Pages Crop Science, 1(1): 20–29. DOI:10.36959/718/598.

LEEMANS R, DE GROOT R S, 2003. Millennium Ecosystem Assessment: Ecosystems and human well-being: a framework for assessment[M]. Washington DC.: Island Press.

MCGRANAHAN D A, 2014. Ecologies of scale: multifunctionality connects conservation and agriculture across fields, farms, and landscapes[J]. Land, 3(03), 739–769. DOI:10.3390/Land3030739.

NAKAMURA T, 1966. The modern industries and the traditional industries—at the Early Stage of the Japanese Economy[J]. The Developing Economies, 4(04): 567–590. DOI:10.1111/j.1746–1049.1996.tb00493.x.

OECD, 2001. Multifunctionality: towards an Analytical Framework. Organisation for Economic Co–operation and Development[R]. Paris.

OSTROM E, 2009. A general framework for analyzing sustainability of social-ecological systems[J]. Science, 325(5939): 419–422. DOI:10.1126/science.1172133.

PETIT L J, PETIT D R, 2003. Evaluating the importance of human-modified lands for neotropical bird conservation[J]. Conservation Biology, 17(03): 687–694. DOI:10.1046/j.1523–1739.2003.00124.x.

POLÁKOVÁ J, TUCKER G, HART K et al., 2011. Addressing Biodiversity and Habitat Preservation Through Measures Applied Under the Common Agricultural Policy[R]. Report Prepared for DG Agriculture and Rural Development. Contract No. 30–CE–0388497/00–44.

QUALSET C, MCGUIRE P, WARBURTON M, 1995. Agrobiodiversity' key to agricultural productivity[J]. California agriculture, 49(06): 45–49.

RAUDSEPP–HEARNE C, PETERSON G D, BENNETT E M, 2010. Ecosystem service bundles for analyzing tradeoffs in diverse landscapes[J]. Proceedings of Natural Academy of Science, 107: 5242–5247. DOI:10.1073/pnas.0907284107.

SCHERR S J, MCNEELY J A, 2008. Biodiversity conservation and agricultural sustainability: towards a new paradigm of 'ecoagriculture'landscapes[J]. Philosophical Transactions of the Royal Society B: Biological Sciences, 363(1491): 477–494. DOI:10.1098/rstb.2007.2165.

SIMONCINI R, 2009. Developing an integrated approach to enhance the delivering of environmental goods and services by agro–ecosystems[J]. Regional Environmental Change, 9: 153–167. DOI:10.1007/s10113–008–0052–x.

SOUTHWOOD T R E, WAY M J, 1970. Ecological background to pest management[C]. in RABB R L and GUTHRIE F E (eds.), Concepts of Pest Management, Raleigh, NC: North Carolina State University. pp. 1–18.

STEWART B, 1987. The media lab: inventing the future at MIT[M].New York: Viking Press.

ŠTRAUS S F B, BAVEC M, 2011. Organic farming as a potential for the development of protected areas[J]. Acta Geographica Slovenica, 51.1(01): 151–168. DOI:10.3986/AGS51107.

SWINTON S M, LUPI F, ROBERTSON G P et al., 2007. Ecosystem services and agriculture: cultivating agricultural ecosystems for diverse benefits[J]. Ecological Economics, 64(02): 245–252. DOI:10.1016/j.ecolecon.2007.09.020.

VAN DER WINDT H J, SWART J A, 2018. Aligning nature conservation and agriculture: the search for new regimes[J]. Restoration Ecology, 26(S1): S54–S62. DOI:10.1111/rec.12570.

WIENS J A, 2001. The landscape context of dispersal[M]// J. Clobert, E. Danchin, A.A. Dhondt, J.D. Nichols, editors. Dispersal. Oxford University Press, Oxford, 96–109.

WILSON G A, 2001. From productivism to post–productivism... and back again? Exploring the (un) changed natural and mental landscapes of European agriculture[J]. Transactions of the Institute of British Geographers, 26(01): 77–102.

WILSON G A, 2008. From 'weak' to 'strong' multifunctionality: conceptualizing farm–level multifunctional transitional pathways[J]. Journal of Rural Studies, 24(03): 367–383. DOI:10.1111/1475–5661.00007.

WILSON G A, 2009. The spatiality of multifunctional agriculture: a human geography perspective[J]. Geoforum, 40(02): 269–280. DOI:10.1016/j.geoforum.2008.12.007.

WOSSINK G A A, LANSINK A, STRUIK P C, 2001. Non–separability and heterogeneity in integrated agronomic–economic analysis of nonpoint–source pollution[J]. Ecologioal Economics, 38(03): 345–357. DOI:10.1016/S0921–8009(01)00170–7.

ZHANG W, RICKETTS T H, KREMEN C et al., 2007. Ecosystem services and dis–services to agriculture[J]. Ecological Economics, 64(02): 253–260. DOI:10.1016/j.ecolecon.2007.02.024.